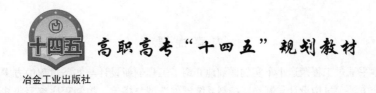

高职高专"十四五"规划教材

冶金工业出版社

创新设计与创客实践

主编 王媛媛

全书数字资源

北 京

冶 金 工 业 出 版 社

2024

内 容 提 要

本书通过工程搬运小车实例详细地介绍了工程创新设计与实践过程中方案分析与拟定方法、机构设计与制作、控制系统硬件选型与搭建、控制程序编写等知识与技巧。全书共分8章，第1章介绍了工程实践与创新大赛及创新意识的培养，第2章讲解了工程机械创新方案设计方法，第3章介绍了工程搬运小车的关键部件，第4章讲述了工程搬运小车的机械结构设计，第5章讲解了工程搬运小车的视觉识别，第6章基于Arduino分析了工程搬运小车的程序设计，第7章阐述了工程搬运小车的创客实践案例，第8章总结了工程搬运小车联调实践。

本书可作为高职高专院校机电一体化、机械设计制造及其自动化、电气自动化等专业创新设计课程、单片机控制课程的教材，也可作为中国大学生工程实践与创新能力大赛（原全国大学生工程训练综合能力竞赛）"智能＋"赛项的指导教材，并可供有关工程技术人员参考。

图书在版编目（CIP）数据

创新设计与创客实践/王媛媛主编. —北京：冶金工业出版社，2024.1
高职高专"十四五"规划教材
ISBN 978-7-5024-9793-4

Ⅰ. ①创… Ⅱ. ①王… Ⅲ. ①工程设计—高等职业教育—教材
Ⅳ. ①TB21

中国国家版本馆 CIP 数据核字（2024）第 049934 号

创新设计与创客实践

出版发行	冶金工业出版社	电　　话	(010)64027926
地　　址	北京市东城区嵩祝院北巷39号	邮　　编	100009
网　　址	www.mip1953.com	电子信箱	service@mip1953.com

责任编辑　王　颖　杜婷婷　美术编辑　吕欣童　版式设计　郑小利
责任校对　梁江凤　责任印制　禹　蕊
北京建宏印刷有限公司印刷
2024年1月第1版，2024年1月第1次印刷
787mm×1092mm　1/16；11.75印张；282千字；177页
定价 49.90 元

投稿电话　(010)64027932　投稿信箱　tougao@cnmip.com.cn
营销中心电话　(010)64044283
冶金工业出版社天猫旗舰店　yjgycbs.tmall.com
（本书如有印装质量问题，本社营销中心负责退换）

前　言

目前，随着科技的快速发展，创新设计已经被看作是现代制造业与创新创意高度集成的"智慧产业"，成为产业升级转型的重要推动力。所谓"创客"是指勇于创新，并努力将自己的创意变成现实的人，"创客"与"大众创业、万众创新"联系在一起。对于机电类专业学生，科技创新正转向以社会实践为舞台，以共同创新、开放创新为特点的大学生创客参与的"创新2.0"模式正在兴起。

本书全面介绍了创新设计制作工程训练小车所需要的专业知识，旨在培养学生解决复杂工程问题的能力。中国大学生工程实践与创新大赛（原全国大学生工程训练综合能力竞赛）是面向大学生的一项综合性工程能力比赛，竞赛目的是激发学生创新潜能，培养学生的动手能力和实际操作技能。该比赛中专门设有"智能+"赛项，通过搬运小车实例实现机电产品本体结构设计、电路设计、控制系统搭建及Arduino相关编程的学习。

本书以培养机电类专业学生工程实践与创新及相关综合能力与素质为目标，针对学生参与工程实践与创新大赛"智能+"赛项的内容进行了系统的总结，有效提高学生创新设计与创客实践能力。

本书依托搬运小车案例，注重培养学生机电产品创新设计、编程和控制能力，以及创新思维和设计能力，同时达到工程实践人才的培养目标。本书以党的二十大精神为指导，落实党的二十大精神进教材、进课堂，全面贯彻党的教育方针，立德树人，突出职业教育特点，融入爱国主义精神、工匠精神、创新精神等正确的价值观，将个人成长与国家发展、民族复兴紧密结合。

本书由浙江工业职业技术学院王媛媛副教授担任主编，浙江工业职业技术学院马宇峰、陈斌星、盛国栋、郭恒亚、许文超、陈茂军、王丹和浙江零轴智能装备有限公司徐金宝参编。编者基于工程教育教学经验，探索创新工程设计与创客教育的方法，大赛指导经验丰富。

　　"创新设计与创客实践"属于实践性课程，理论空想不如真实课程教学实用性强。希望参与创新设计和创客实践的学生和读者都能够在实践中学习，在学习中不断提升实践能力。

　　由于编者水平所限，书中不妥之处，敬请广大读者批评指正。

编　者

2023 年 11 月

目　录

1 工程实践与创新大赛及创新意识的培养

❖ **课程思政**

当前中国制造企业正在实现由"中国制造"上升到"中国智造"，从"世界加工厂"到"世界创造基地"的转变。创新已经成为这个时代的主旋律，在建设创新型国家的过程中，我国正处于实施创新驱动发展战略推进大众创业、万众创新的关键阶段。党的二十大报告指出，必须坚持科技是第一生产力、人才是第一资源、创新是第一动力，深入实施科教兴国战略、人才强国战略、创新驱动发展战略，开辟发展新领域新赛道，不断塑造发展新动能新优势。

本章主要讲述了中国大学生工程实践与创新能力比赛的简介和要求，分析了大赛对创新意识培养和创客实践综合能力培养的积极作用，探讨了创客实践与大学阶段学习规划的关系，引导学生积极参与学科竞赛和创新项目，努力成长为适应制造业转型升级急需的创新人才。

1.1 中国大学生工程实践与创新能力大赛简介

中国大学生工程实践与创新能力大赛（原全国大学生工程训练综合能力竞赛）是面向大学生的一项综合性工程能力竞赛，竞赛内容综合体现了大学生创新设计能力、制造工艺能力、创客实践能力、工程管理能力和团队合作能力。竞赛的目的是激发大学生的学习与研究热情，激发学生创新潜能，培养学生动手实践能力和实际操作技能，大赛对培养大学生的创新设计能力、创客实践能力和团队协作能力起到积极的促进作用。

大学生工程实践与创新能力比赛是有较大影响力的国家级大学生科技创新竞赛，是教育部、财政部资助的大学生竞赛项目，目的是加强学生创新能力和实践能力培养，提高本科教育水平和人才培养质量。为开办此项竞赛，经教育部高等教育司批准，专门成立了全国大学生工程训练综合能力竞赛组织委员会和专家委员会，竞赛组委会秘书处设在大连理工大学，每两年一届。

1.2 历届中国大学生工程实践与创新能力大赛的命题与要求

第一届中国大学生工程训练综合能力竞赛
地点：大连理工大学
时间：2009 年 10 月
主题：节能增效，变废为宝

视频 1.2

　　参赛作品必须符合比赛主题和要求，围绕"节能增效，变废为宝"这一主题展开设计和制作。作品既可以是解决实际问题的方案或创意作品，也可以是基于创新技术的产品或装置。参赛作品必须是以团队形式完成的原创作品，团队成员人数为 3 ~ 5 人。作品可以是实物、模型或创意方案等。参赛作品必须提交相应的材料，包括设计方案、图纸、报告等，以及演示和答辩所需的 PPT 或其他形式的内容。比赛旨在提高学生的工程实践能力和创新意识，增强团队合作精神，促进校际交流和学术研讨。参赛队伍需严格遵守比赛规定和要求，确保参赛作品的合法、合规、实用和原创。

　　以智能制造的现实和未来发展为主题，自主设计并制作一台按照给定任务自主完成物料搬运的自动定位智能机器人。机器人必须完全自主运行，具有各类必要功能。机器人传感器和电机的种类及数量不限，机器人需配备任务码显示装置，显示装置必须放置在机器人上部醒目位置，亮光显示，且不被任何物体遮挡，字体高度不小于 8 mm。机器人各机构只能使用电驱动，采用锂电池供电，供电电压不超过 12 V 随车装载，比赛过程中不能更换。电池应方便检录时进行电压测量，如无法测量，将不能参加比赛。自主设计并制造机器人的机械部分，除标准件外，非标零件应自主设计和制作，不允许使用购买的成品或采用成品套件拼装而成。机器人的行走方式、结构形式均不限制。

第二届中国大学生工程训练综合能力竞赛

地点：大连理工大学

时间：2011 年 6 月

主题：无碳小车

　　参赛作品以"无碳小车"为主题，设计和制造出一辆尽可能高效、环保、节能的小车。"无碳小车"是指以实现小车的自主移动为目的，通过节能环保材料和技术的应用，设计并制造出具有自主运动能力的小车。这种小车具有环保、节能、低噪声、高效率等特点，符合现代社会对可持续发展的要求。

　　参赛队伍需要在规定时间内完成智能小车的方案设计、硬件制作、软件编程、调试及优化等任务。参赛队伍需要按照竞赛组委会指定的主题，设计和制作具有自主运动能力的智能小车。参赛队伍需要提交完整的报告，包括小车的方案设计、硬件制作、软件编程、调试及优化等详细说明，以及小车的性能测试结果和实际运行表现等。

第三届中国大学生工程训练综合能力竞赛

地点：大连理工大学

时间：2013 年 6 月

主题：无碳小车越障竞赛

　　参赛要求设计和制造出一辆尽可能高效、环保、节能的无碳小车，以实现小车的自主移动和越障能力。无碳小车是指以实现小车的自主移动为目的，通过节能环保材料和技术的应用，设计并制造出具有自主运动能力的小车。这种小车具有环保、节能、低噪声、高效率等特点，符合现代社会对可持续发展的要求。

　　参赛队伍需要设计和制作出一辆具有自主运动和越障能力的智能小车。小车的能源来源仅限于使用太阳能电池板收集的电能，而且必须符合环保、节能、低噪声等要求。队伍需要在规定的时间内完成小车的方案设计、硬件制作、软件编程、调试及优化等任务。参赛队伍需要提交完整的报告，包括小车的方案设计、硬件制作、软件编程、调试及优化等详细说明，以及小车的性能测试结果和实际运行表现等。

第四届中国大学生工程训练综合能力竞赛

地点：合肥工业大学

时间：2015 年 5 月

主题：无碳小车越障竞赛

参赛要求设计和制造出一辆无碳小车，以实现小车的自主移动和越障能力。无碳小车是指以实现小车的自主移动为目的，通过节能环保材料和技术的应用，设计并制造出具有自主运动能力的小车。这种小车具有环保、节能、低噪声、高效率等特点，符合现代社会对可持续发展的要求。

竞赛要求驱动无碳小车行走及转向的能量是根据能量转换原理，由给定重力势能转换而来。要求小车行走过程中完成所有动作所需的能量均由此重力势能转换获得，不可使用任何其他的能量来源要求小车具有转向控制机构，且此转向控制机构具有可调节功能，以适应放有不同间距障碍物的竞赛场地。要求小车为三轮结构，具体设计、材料选用及加工制作均由参赛学生自主完成。

第五届中国大学生工程训练综合能力竞赛

地点：合肥工业大学

时间：2017 年 5 月

主题：智能制造 + 创客

参赛要求紧密结合工程实际，强调理论与实践相结合。旨在培养和提升参赛者的工程实践能力。不仅关注专业知识和技能，而且注重考察参赛者的综合素质，包括创新能力、创业素质、团队协作能力等。鼓励参赛者发挥创新精神，解决实际问题，提高解决复杂问题的能力。渗透工程伦理内容，强调环保意识和社会责任感，培养参赛者良好的职业道德。根据竞赛目标和参赛者水平，合理设置难度，既保持一定的挑战性，又有利于参赛者发挥自身能力。

竞赛要求自主设计制作智能物流小车，该小车应具有赛道自主行走、障碍识别、轨迹判断、自动转向和制动等功能。这些功能可由机械或电控装置自动实现，不允许使用人工交互遥控，在指定场地完成规避障碍物并抓取目标物体放置到指定地点。具体设计、材料选用及加工制作均由参赛学生自主完成。行走车体、抓取执行机构件可由激光切割、3D打印、数控及雕刻等机加工方式自行设计制作，也可使用简易套件组；电控器件、主控板、检测元器件、电机和电池可使用建议套件组，或采用标准件。

第六届中国大学生工程训练综合能力竞赛

地点：天津职业技术师范大学

时间：2019 年 6 月

主题：智能制造 + 创客

无碳小车赛道要求设计和制造出一辆无碳小车，以实现小车的自主移动和越障能力。无碳小车是指以实现小车的自主移动为目的，通过节能环保材料和技术的应用，设计并制造出具有自主运动能力的小车。这种小车具有环保、节能、低噪声、高效率等特点，符合现代社会对可持续发展的要求。

参赛队伍需要设计和制作出一辆具有自主定位、自主移动、自主避障、物料位置、颜色及形状识别、物料抓取与搬运、路径规划、自动制动等功能的小车。这些功能可由机械或电控装置自主运行，不允许使用人工交互遥控及小车本体之外的任何辅助装置。小车所用传感器和电机的种类及数量不限。自主设计并制造小车的机械部分，具体设计、材料选用及加工制作均由参赛学生自主完成。小车尺寸必须满足出发状态下 297 mm×210 mm 以内。小车尺寸在此范围内方可参加比赛。

第七届中国大学生工程实践与创新能力大赛

地点：清华大学

补赛地点：上海大学

时间：2021 年 9 月

补赛时间：2021 年 10 月

主题：工程基础、智能＋、虚拟仿真

大赛强调创新实践，注重培养参赛者的创新意识和实践能力。要求参赛者能够运用所学知识，结合实际需求提出具有创新性和实用性的解决方案，并能够进行实际操作和验证。同时，鼓励参赛者发挥创意思维，进行跨学科、跨领域的合作与创新。要求参赛者具备扎实的工程基础知识，能够运用相关技术和工具，解决实际工程问题。同时，鼓励参赛者关注新技术、新工艺、新材料等方面的发展动态，提高自身的综合素质和适应能力。

以智能制造的现实和未来发展为主题，自主设计并制作一台按照给定任务自主完成物料搬运的自动定位智能机器人。机器人能够通过扫描二维码或通信方式领取搬运任务，在指定的工业场景内行走与避障，并按任务要求将物料搬运至指定地点并精准摆放（对应色环的颜色及环数或对应二维码、条形码指定的颜色及位置）。在比赛过程中机器人必须完全自主运行，应具有定位、移动、避障、读取二维码或条形码等功能。

第八届中国大学生工程实践与创新能力大赛

地点：吉林大学

时间：2023 年 12 月

主题：交叉融合工程创新求卓越，守德崇劳制造强国勇担当

大赛面向适应全球可持续发展需求的工程师培养，服务于国家创新驱动与制造强国战略，强化工程创新能力，坚持理论实践结合、学科专业交叉、校企协同创新、理工人文融通，创建具有鲜明中国特色的高端工程创新赛事，建设引领世界工程实践教育发展方向的精品工程，构建面向工程实际、服务社会需求、校企协同创新的实践育人平台，培养服务制造强国的卓越工程技术后备人才，打造具有中国特色世界一流工程实践与创新教育体系。

以智能制造的现实和未来发展为主题，自主设计并制作一台按照给定任务完成物料搬运并装配的智能物流搬运机器人。机器人能够通过扫描二维码领取搬运任务在指定的工业场景内行走与避障，并按任务要求将物料搬运至指定地点且精准摆放。机器人应具有定位、移动、避障、读取二维码、物料位置和颜色识别、任务码显示、物料抓取和载运、装配、路径规划等功能；竞赛过程中机器人必须自主运行。

1.3 创新意识培养与创客实践

1.3.1 创新意识培养

中国大学生工程实践与创新能力大赛作为一项具有广泛影响力的全国性赛事，不仅为大学生提供了展示创新能力的平台，更是对创新意识培养的重要推动。下面从四个方面探讨大赛对大学生创新意识培养的积极作用。

（1）创新思维训练。大赛主题的多样性及实际工程问题的复杂性，需要学生运用创新思维去寻找解决方案。通过这种训练，学生能够突破传统思维的束缚，培养学生对问题的独特见解和创造性解决问题的能力。

（2）创新实践指导。大赛过程中有来自行业专家和学者的指导，他们不仅为学生提供创客实践的建议和帮助，还会引导学生将理论知识与实际相结合，进一步激发其创新思维。

（3）创新成果展示。大赛为学生提供了一个展示创新成果的平台。通过展示，学生不仅可以展示自己的创新设计与创客实践能力，还可以获得反馈和建议，从而对创新方案进行改进。

（4）创新思维交流。在参赛过程中学生有机会与其他参赛者进行创新思维的交流和碰撞。通过比赛能够激发学生的创新灵感，进一步完善创新方案。

因此，中国大学生工程实践与创新大赛通过多种方式培养学生的创新意识，有效提升学生创新能力。学生通过参与大赛不仅可以锻炼创新思维和创客实践能力，还能积累宝贵的经验，为未来的学术研究和职业生涯打下坚实的基础。

1.3.2 创客实践内容与作用

目前在培养机电类专业技术人才时高校都比较注重或加大实践教学环节，这对于提高学生的动手能力和创新能力起到了一定的促进作用。但由于实践内容多为单一学科，少有结合多门课程的综合性较强的实践课。大多数实践课程缺乏工程应用方面的内容和要求，因此在提高学生专业知识综合运用能力方面还是有所欠缺的。

培养机电类学生的专业知识综合运用能力，可以将大部分专业基础知识结合起来，提出一个学科综合性强、研究内容前沿、具有一定难度的题目，或结合各类机械创新设计大赛，以类似项目或课题的形式结合导师制进行实施。导师辅导学生利用课余时间进行实践，使学有余力和学有专长的技能进一步得到提升。这是当前培养学生实践综合能力的一个好的教学方法，也是对现有理论与实践教学内容、方法的一个有益补充。

1.3.3 创客实践与综合能力培养

结合机械创新设计与创客的实践要求，大学生综合能力培养内涵应包含以下几个方面。

1.3.3.1 机电专业知识能力

解决任何技术难题，如想到一个好的创意，要对机电系统进行建模、分析、计算、仿真与创客实践制作等，都需要掌握专业理论知识。在创新实践中，一个好的作品或思路大多数情况来源于对生活细微的观察和敏锐的思考，还需要利用所学的专业知识，理论联系实际，进行吸收、消化、创新和再创造。

在学习一门机电专业理论课程时，由于实践环节相对较少，学生往往会有一些疑问：学这门课程有什么用？将来工作中在什么情况下能用到它？仅仅通过语言解释很难让学生有深刻的理解和认识，通过创客实践，学生学会如何去分析一个机电产品的优劣，可以思考目前已经学到了哪些专业知识，还需要学习和补充哪些专业知识等。在第二课堂中，随着学生接触的知识范围越来越宽广，专业知识的学习兴趣也会越来越浓厚，同时能力也逐渐增强。

1.3.3.2 创新设计能力

创新过程是一个学习、消化、融合、创造的过程，需要有敏锐的洞察力和灵活的思路，实现不断循环往复进行开拓性设计和思考。机械创新设计方法主要有智力激励法、仿生创新法、反求设计创新法、类比求优设计创新法、功能设计创新法、移植技术设计创新法等。机械类产品在生产生活中几乎随处可见，对一两处关键部位进行技术改进，或将几个创新点组合成一个产品的方案都是可行的。

评判一个产品是否优秀、是否有市场，关键看它的创新点。创新点具体体现在机构的设计是否新颖、巧妙，结构是否简单，执行是否可靠，产品的使用是否舒适和便利，与市场同类产品相比是否功能多样，性价比更高等方面。

1.3.3.3 创客实践能力

创客实践能力主要指运用知识和现有设备条件制作出机电产品实物模型，将设计思想变成现实的能力。在创客实践中，学生要自己完成选材、购置、试加工、装配、控制程序调试及整机联调等环节，这个过程对于学生而言难度是非常大的，有时甚至需要多次返工。通过这个过程的锻炼，学生的动手能力和解决问题的能力会得到很大的提升。

1.3.3.4 团队协作能力

任何成绩的取得都要靠团队的智慧。好的创新设计团队是善于充分挖掘每个成员的优点和潜力，每个成员都有自己擅长的能力。

创新设计与创客实践从项目申请、方案论证，再到实物制作、报告演示甚至竞赛答辩，各个环节都需要不同方面宽广的知识，如资料收集、论文写作、材料采购、机械加工、软件编程调试、安装调试、视频和宣传画制作、讲解答辩等，仅靠一个人的力量是难以全部实现的。这就需要一个团队容纳不同特长的同学，大家分工协作、相互补充、集体研讨，共同出色地完成机电产品的制作。通过参与创新设计与创客实践，不仅可以解决专业知识的实践问题，还可以锻炼综合能力。

1.3.4 创客实践与大学学习规划

机电产品的创新设计与创客实践需要有一定的技术条件和硬件基础，同时学生应在大学各个阶段学习和掌握相应的知识和技能，通过运用这些知识和技能，完成机电产品的设计和制作。

1.3.4.1　机电产品的创新设计与创客实践特点和必需条件

与计算机等其他工科专业产品相比，机电产品的创新设计与创客实践的特点如下所述。

（1）机电产品知识涵盖面广。机电系统一般比较复杂，往往是机械、材料、电子、计算机、控制等多学科综合知识运用的结果。

（2）机械零件加工难度大。机电产品要求满足一定的制造和配合精度要求、使用功能要求、外观和使用舒适性要求等。

（3）机电产品制作周期长。一个较复杂的机电系统从方案论证到最后的装配调试，往往需要投入四个月甚至更长时间才能完成。

（4）制作成本较高。制作实物模型样机的试制成本也是比较高的。

根据以上特点，机电产品的创新设计与创客实践须具备以下条件。

（1）团队构成。机电创客团队需要一名熟悉创新设计理论、有丰富的实践经验与理论基础的指导老师和三到五名高、中、低年级学生组成的人才梯队，他们应具有较强的求知欲望和分工合作精神，专业基础扎实。

（2）实验硬件。硬件条件包括拥有一间可容纳整个团队开展创新设计与创客实践、集中研讨的实训室，拥有至少保证能完成数控车、铣、激光切割、3D 打印等基本加工任务的设备等。

（3）学校支持。高校应对学生科技制作和学科知识竞赛给予足够的重视，并给予政策、资金层面的大力支持，好的政策制度和后勤保障能有效激发参赛学生的参与积极性。

1.3.4.2　实践学习规划

对于想要参与创新设计与创客实践的学生来说，大一应主要学习 C 语言、高等数学、机械制造基础课程，同时利用课余时间深入学习 UG 等产品三维造型软件；大二则学习机械原理、工程力学、单片机控制技术课程，同时利用课余时间学习数学计算分析软件 MATLAB、机构动力学仿真软件 ADAMS 等，并结合具体机械产品实例进行适当难度的机械优化设计训练；大三期间主要学习数控技术、3D 打印技术、机械设计课程，加强数控加工工艺和产品加工技能培养等。团队需要具备机械创新与工程实践的各个方面知识，但是学生可根据爱好有选择地学习，力争做到理论基础扎实、个别技术突出。

完成一个具有一定复杂性和难度的工程产品设计制作，对学生的锻炼不仅仅是将所学的机械专业核心课程进行综合应用，还会使学生的综合能力得到极大的提高，如创新能力、工程实践能力、科技论文写作与报告能力、视频剪辑能力、图像处理能力、广告设计与制作能力、团队协作能力、沟通表达能力等。通过这个过程的锻炼，学生不仅增强了自信心，同时也熟悉了产品设计制作的流程，认识到自己的不足，明确了个人今后的学习方向和发展方向。

1.4　其他相关学科竞赛与创新项目

除了每两年一届的中国大学生工程实践与创新能力比赛之外，机电专业学生还可以参与的全国性大赛和项目有中国"互联网＋"大学生创新创业大赛、全国大学生机械创新设计大赛、全国三维数字化创新设计大赛、"挑战杯"全国大学生课外学术科技作品竞赛、"高教杯"全国大学生先进成图技术与产品信息建模创新大赛等。这些赛事都具有创新能力要求高、参与学生众多、社会影响力大等特点，在能力培养方面也是相互促进的，有些情况下甚至可以"成果共享"，因此工程实践与创新团队完全可以同时兼顾这些赛事，力争在大学专业竞赛生涯中获得更多成果。

（1）中国"互联网＋"大学生创新创业大赛。中国"互联网＋"大学生创新创业大赛由教育部与政府、各高校共同主办。大赛旨在深化高等教育综合改革，激发大学生的创造力，培养造就"大众创业、万众创新"的主力军；推动赛事成果转化，促进"互联网＋"新业态形成，服务经济提质增效升级；以创新引领创业、创业带动就业，推动高校毕业生更高质量创业就业。

以赛促学，培养创新创业生力军。大赛旨在激发学生的创造力，激励广大青年扎根中国大地了解国情民情，锤炼意志品质，开拓国际视野，在创新创业中增长智慧才干，把激昂的青春梦融入伟大的中国梦，努力成长为德才兼备的有为人才。

以赛促教，探索素质教育新途径。把大赛作为深化创新创业教育改革的重要抓手，引导各类学校主动服务国家战略和区域发展，深化人才培养综合改革，全面推进素质教育，切实提高学生的创新精神、创业意识和创新创业能力。推动人才培养范式深刻变革，形成新的人才质量观、教学质量观、质量文化观。

以赛促创，搭建成果转化新平台。推动赛事成果转化和产学研用紧密结合，促进"互联网＋"新业态形成，服务经济高质量发展，努力形成高校毕业生更高质量创业就业的新局面。

（2）全国大学生机械创新设计大赛。全国大学生机械创新设计大赛是经教育部高等教育司批准，由教育部高等学校机械学科教学指导委员会主办，机械基础课程教学指导分委员会、全国机械原理教学研究会、全国机械设计教学研究会、北京中教仪人工智能科技有限公司联合著名高校共同承办，面向大学生的群众性科技活动。大赛的目的在于引导高等学校在教学中注重培养大学生的创新设计意识、综合设计能力与团队协作精神；加强学生动手能力的培养和工程实践的训练，提高学生针对实际需求通过创新思维，进行机械设计和工艺制作等实践工作能力；吸引、鼓励广大学生踊跃参加课外科技活动，为优秀人才脱颖而出创造条件。

（3）全国三维数字化创新设计大赛。全国三维数字化创新设计大赛以"三维数字化"与"创新设计"为特色，以"创意、创造、创业"为核心，以"众创、众包、众筹"为模式，突出体现三维数字化技术对创新、创业的支持和推进，要求首先是实用创新活动，同时必须基于3D/三维数字化技术平台或使用3D/三维数字化技术工具实现。

2008年发起举办全国三维数字化创新设计大赛，受到各地方、高校和企业的重视，赛事规模稳定扩大，参赛高校连续每届超过600所、参赛企业每年超过1000家，初赛参赛人数累计突破700万人、省赛表彰获奖选手累计突破13万人、国赛表彰获奖选手累计突破1.3万人；参赛作品水平不断提升，涌现出了一大批优秀设计作品与团队，并快速成长为行业新锐与翘楚，备受业界关注；同时大赛一头链接教育、一头链接产业、一头链接行业与政府，产教融合不断深化，政产学研用资互动不断加强，技术、人才与产业项目合作对接及产业生态平台作用日益突显，已成为全国规模最大、规格最高、水平最强、影响最广的全国大型公益品牌赛事与"互联网＋创新"行业盛会，被业界称为"创客嘉年华、3D奥林匹克、创新设计奥斯卡"。

（4）"挑战杯"全国大学生课外学术科技作品竞赛。挑战杯是"挑战杯"全国大学生系列科技学术竞赛的简称，是由共青团中央、中国科协、教育部和全国学联、举办地人民政府共同主办的全国性的大学生课外学术实践竞赛。"挑战杯"竞赛在中国共有两个并列项目，一个是"挑战杯"中国大学生创业计划竞赛；另一个则是"挑战杯"全国大学生课外学术科技作品竞赛。这两个项目的全国竞赛交叉轮流开展，每个项目每两年举办一届，"挑战杯"系列竞赛被誉为中国大学生科技创新创业的"奥林匹克"盛会，是国内大学生最关注、最热门的全国性竞赛，也是全国最具代表性、权威性、示范性、导向性的大学生竞赛。

（5）"高教杯"全国大学生先进成图技术与产品信息建模创新大赛。"高教杯"全国大学生先进成图技术与产品信息建模创新大赛是由教育部高等学校工程图学课程教学指导委员会、中国图学学会制图技术专业委员会和中国图学学会产品信息建模专业委员会联合主办的图学类课程最高级别的国家级赛事，2018年被中国高等教育学会列入全国普通高校学科竞赛排行榜。

大赛以培养学生的工匠精神，激发学生的创新意识，探索图学的发展方向，创新成图载体的方法与手段为宗旨。以"德能兼修，技高一筹"为主题，每年举办一届。目的在于以赛促教、以赛促学、以赛促改，全面提高大学生的图学能力，为中华民族伟大复兴，为中国制造走向中国创造催生和助长大量优秀人才。大赛结合新工科建设和工程教育专业认证，设立机械、建筑、道桥、水利四个竞赛类别。主要围绕尺规绘图、产品信息建模、数字化虚拟样机设计、3D打印、BIM综合应用等项目进行命题竞赛。

大赛吸引了上海交通大学、哈尔滨工业大学、武汉大学、华中科技大学、香港城市大学、华南理工大学、重庆大学、国防科学技术大学等诸多名校踊跃参赛。每年从几十万名预赛学生中脱颖而出的决赛选手许多已成为各界的技术精英，众多指导教师受到表彰奖励，很多参赛高校以此凝练出成绩斐然的教学成果。

（6）全国大学生节能减排社会实践与科技竞赛。全国大学生节能减排社会实践与科技竞赛是由教育部高等学校能源动力类专业教学指导委员会指导，全国大学生节能减排社会实践与科技竞赛委员会主办的学科竞赛。该竞赛充分体现了"节能减排、绿色能源"的主题，紧密围绕国家能源与环境政策，紧密结合国家重大需求，在教育部的直接领导和广大高校的积极协作下，起点高、规模大、精品多、覆盖面广，是一项具有导向性、示范性和群众性的全国大学生竞赛，得到了各省教育厅、各高校的高度重视。本活动每年举办一次。全国大学生节能减排社会实践与科技竞赛主要是激发当代大学生的青春活力，创新实践能力，承办单位一般为上届表现突出院校。目前全国几乎所有"211"大学都积极参与其中。

竞赛作品分为"社会实践调查"和"科技制作"两类，倡导大学生深入社会调查，发现国家重大需求，启发创新思维，形成发明专利。将人文素养融合到科学知识技能之中，使学以致用不仅体现于头脑风暴，而且展现在精巧创造。竞赛吸引了250多所高校以及部分国外高校，已经形成了"百所高校，千件作品，万人参赛"的国际性规模。

全国大学生节能减排社会实践与科技竞赛专家委员会由包括两院院士、"973"首席专家、杰出青年获得者等130余位国内知名专家学者组成，每年还特邀一定数量的企业专家参与评选。

复习思考题

1-1　中国大学生工程实践与创新大赛对学生创新意识培养有哪些积极作用？

1-2　结合机械创新设计和创客的实践要求，分析学生工程训练综合能力主要包含哪些方面的能力？

2　工程机械创新方案设计方法

❖ 课程思政

　　无扇叶电风扇的设计也是基于创造电风扇的原理：使空气快速流动，它是采用压电陶瓷夹持一金属板，金属板通电后振荡，导致空气加速流动的新型电风扇。与传统扇叶风扇相比，它具有体积小、重量轻、耗电少、噪声低的优点，因此我们在进行机械创新设计方案拟定过程中，要善于透过现象看本质，用新技术、新方法去解决问题。

　　本章主要介绍了工程机械产品研发的一般流程、运动方案设计的要求和步骤以及常用机构的特点及应用，分析了基于功能元如何求解获得机械系统方案，重点介绍常用的创新思维方法和功能元对应基本机构，最后简要介绍了工程机械产品的五大类量化评价指标。

2.1　工程机械产品研发流程

　　工程机械产品创新设计过程可分为产品方案设计和产品性能分析两大部分。

　　产品方案设计是确定的产品外观造型（包括构件结构尺寸）和对应的实用功能，设计内容包括功能设计、机械运动方案设计和产品结构设计，这个过程具有较大的创造性，必须依靠扎实的专业知识和丰富的经验积累，才能产生一些新的设计理念和产品。

　　产品性能分析是对已有的机械运动方案进行运动学分析，获得优化的结构尺寸，这里主要是长度尺寸，不考虑结构和强度。再使用动力学分析，获得优化的结构尺寸，包括长度、横截面形状等产品三维数据。性能分析过程是利用专业分析计算软件，根据分析计算结果改善和优化产品的运动和力学性能，工程机械产品研发的流程如图 2-1 所示。

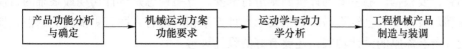

图 2-1　工程机械产品研发流程图

　　产品性能分析是建立在方案综合的基础上的，其分析计算结果又反作用于方案综合，有时候根据其结果可能需要重新进行方案的综合设计。

　　（1）明确产品功能。首先需要进行市场检索和相关资料（产品、论文、专利等）检索，确定产品及其所具有的功能和市场定位，明确设计目标和内容。

　　机械产品的创新始于功能创新，需通过对市场进行调查和检索，明确市场上没有的或是对已有产品有重大改进的功能，确定所研发的对象和内容。

　　（2）基于功能元求解的机械运动方案设计。基于功能元求解或设计对应的机械动作，完成原动机—传动机构—执行机构组成的系统方案简图设计，再对可行方案进行分析与论证，获得最佳方案，这一步是创新设计的关键步骤。

当前大部分新奇、巧妙的机械方案还是由工程师根据其已有的设计经验和理论得到的，所以做生活的有心人，不断总结常见机构功能元的求解方案，仍然是产品创新设计的必由之路。

（3）基于运动学和动力学分析的产品三维模型优化。确定了机构运动方案后，可以建立其参数化数学模型，进行机械运动学仿真，获得满足工艺要求的长度尺寸，必要的时候还需要进行机构优化设计以获得满足较高性能要求的结构设计。

构思产品零部件细节，建立产品三维模型，采用虚拟样机技术实现产品运动仿真，验证设计理念，进行运动干涉检验。产品模型数据可以导入动力学分析软件，添加实际力和力矩，获得在一定结构参数下的动力特性分析结果。本章对基于运动学和动力学分析的产品三维模型优化方法不再一一赘述。

（4）机械零件加工与电气系统调试。根据材料购置情况和已有的加工制造条件，制作非标准件的加工工艺卡。通过借助 UG 软件加工模块自动生成数控加工代码，根据相应的数控加工系统进行局部修改后，传输到数控机床上进行数控加工。

将工程机械产品的所有零部件或组件进行安装调试，并进行电气系统设计与程序编制。由于产品是机电一体化系统，所以需要进行多次调试，以确保安全、稳定运转和各项功能的实现。

2.2　工程机械运动方案设计

明确工程机械产品的功能后，进入机械运动方案设计（包含产品结构设计）环节，这是机械设计最重要、最能体现创新性的环节。运动方案设计的优劣，决定了产品的性能、造价和市场前景。

运动方案的设计是设计者将原动机、机构组合、执行机构组合为一部完成特定工作任务的机械系统的全面构思。实现同一工作任务，可以有多种不同的工作原理，有时工作原理相同，但设计方案也可能完全不同。经过认真细致的分析比较，会发现各种不同的方案各有利弊，要根据产品主要的评价原则进行选择。方案构思是设计初期最艰难的，仅仅是达到或满足设计要求已经不易，如果要求设计方案相对现有方案有更多的优越性，那不仅要求设计者有深厚的设计功底，还要有好的设计灵感。

机械运动方案的设计要求必须掌握必要的知识和环境信息，必须了解有关学科在实现运动方案设计中所能起到的作用，具体要求包括：

（1）充分了解并掌握各种常用机构的基本知识；

（2）重点了解和掌握各种动力源的性能和使用要求；

（3）熟悉对设计方案的选择有重要影响的周围环境信息，如加工制造条件、产品使用条件等；

（4）系统了解其他学科的技术发展和应用情况。

运动方案设计的主要步骤如下：

（1）工艺参数的给定和运动参数的确定；

（2）方案的分析和决策；

（3）执行构件间运动关系的确定及运动循环图的绘制；

（4）动力源的选择及执行机构的确定；

（5）机构的选择和创新设计以及机构运动和力学性能的分析。

2.3 机构特点及应用

复杂的机构设计可以建立在简单机构的基础上，也可以在平时的机械设计知识与经验的基础上，创造性地设计出新机构。实现统一简单、基本功能的机构是多样的，进行归纳和总结，有助于快速、高效地完成简单功能对应的机构设计。

2.3.1 常用机构功能

机构的类型是有限的，但是机构的组合创新是无限的。即便是同一类型的机构，其研究与应用也是无限的。比如，同一构型的机构，当选取不同的结构尺寸或构件形式时，其用途也是完全不一样的。这些特性就是机构创新设计的魅力所在，也是设计的难点所在。

PDF 文档 2.3.1

在进行机械产品创新设计时，首先要学习和掌握各种典型的、常用基本机构的特点和用途及其设计方法和准则。积累经验后，才能在此基础上进行发明创造。表2-1 给出了常用机构的图例及其特点和应用场合。

表 2-1　常用机构的特点及应用

典型机构	图　例	特点及应用
连杆机构		结构简单，制造容易，工作可靠，能实现远距离动力传递，能传递较大的力和力矩，传动不平稳，冲击和振动较大，很难实现精确的既定轨迹。用于行程较大、载荷较大的工作场合，并可实现一定的运动轨迹或规律
凸轮机构		结构紧凑，工作可靠，调整方便，只要设计得当，能实现任意的轨迹和运动学性能要求；传动效率较低，设计和加工复杂。用于从动件行程较小、载荷不大以及要求特定运动规律的场合
非圆齿轮机构		结构简单，工作可靠，从动件可实现任意转动（传动比）规律，但非圆齿轮制造较困难。用于从动件作连续转动和要求有特殊运动规律的场合

典型机构	图　例	特点及应用
棘轮间歇机构		结构简单，从动件可获得较小角度的可调间歇单向转动，但传动不平稳，冲击较大。多用于进给系统，以实现递进、转位、分度、超越等，多是整体购置选用
槽轮间歇机构		结构简单，从动件转位较平稳，而且可实现任意等时、单向间歇转动，但当拨盘转速较高时，动载荷较大。常用作自动转位机构，特别适用于转位角度在 45° 以上的低速运动，设计制造困难
凸轮式间歇机构		结构简单，传动平稳，动载荷较小，从动件可实现任意预期的单向间歇转动，但凸轮制造困难。用作高速分度机构或自动转位机构
连杆组合间歇机构		多个连杆组合，制造容易，从动件可实现一定范围的停歇，结构简单，制造容易。当需要精确的停歇区域时需结合优化设计获得机构结构尺寸，设计较为困难
不完全齿轮机构		结构简单，制造容易，从动件可实现较大范围的单向间歇传动，但啮合开始和终止时有冲击，传动不平稳。多用于轻工机械的间歇传动机构

典型机构	图 例	特点及应用
螺旋机构		传动平稳无噪声，减速比大，可实现转动与直线移动转换，滑动螺旋可做成自螺旋机构，工作速度一般较低，只适用于小功率传动。多用于要求微动或增力的场合，还用于螺母的回转运动转变为螺杆的直线运动的装置
摩擦轮机构		有过载保护作用，轴和轴承受力较大，工作表面有滑动，而且机构磨损较快，高速传动时寿命较短。用于仪器及手动装置，以传递回转运动
圆柱齿轮机构		载荷和速度的需用范围大，传动比恒定，外廓尺寸小，工作可靠，效率高；制造和安装精度要求较高，无过载保护作用。广泛应用于各种传动系统和传递回转运动，实现变速以及换向等
齿轮齿条机构		实现齿轮的圆周运动和齿条的直线运动之间的转化。结构简单，成本低，传动效率高，易于实现较长的运动行程。广泛用于各种机器的传动系统、变速操纵装置、自动机的输送、转向和进给机构以及直动与转动的运动转换装置
圆锥齿轮机构		可实现两交错轴之间的增速或减速运动传递。用来传递两相交轴的运动，直齿圆锥齿轮传递的圆周速度较低，曲齿用于圆周速度较高的场合。用于减速、转换轴线以及反向的场合

典型机构	图 例	特点及应用
螺旋齿轮机构		常用于传递既不平行又不相交的两轴之间的运动，但其齿面间为点啮合，且沿齿高和齿长方向均有滑动，容易磨损，因此只适用于轻载传动。用于传递空间交错轴之间的运动
蜗轮蜗杆机构		传动平稳无噪声，结构紧凑，传动比大，可做成自锁蜗杆，效率很低，低速传动时磨损严重，中高速蜗轮齿圈需使用贵重的减磨材料，制造精度要求较高。用于大传动比减速装置（功率不宜过大）、微调进给装置、省力的传动装置等
行星齿轮机构		传动比大，结构紧凑，工作可靠，制造和安装精度要求高，其他特点同普通齿轮传动，主要有渐开线齿轮、摆线叶轮、谐波齿轮的行星传动。常作为大速比的变速装置，还可实现运动的合成与分解
带传动机构		轴间距离较大，工作平稳无噪声，能缓冲吸振，有过载保护作用，结构简单，安装精度要求不高，外廓尺寸较大，摩擦式带传动有弹性滑动，轴和轴承受力较大，传动带寿命较短
链传动机构		轴向距离较大，平均传动比为常数，链条元件间形成的油膜有吸振能力，对恶劣环境有较强的适应能力，工作可靠，轴上载荷较小，瞬时运转速度不均匀，一般需张紧和减振装置

典型机构	图 例	特点及应用
万向铰链机构		为变角传动机构，两轴的平均传动比为1；但角速度比不恒等于1，而是随时变化的。用以传递两相交轴间的转矩和运动的传动机构，作为安全装置，兼有缓冲、减振和过载保护的作用

2.3.2 组合机构设计

单一机构一般只能完成简单的动作和功能，而复杂机构的机械产品往往需要多个机构的组合实现功能。

机构的组合将几种基本机构组合在一起，保持各自的运动特性，完成各自的工作，相互协作完成运动要求，达到组合目的。例如数控机床中，既有作为分度定位的凸轮或槽轮机构，也有实现主要动作与功能的连杆机构，还有变速传递运动的齿轮机构等。机构的组合方式有串联、并联、复合、叠加等。

组合机构则将几种机构融合成一个整体，各机构间的运动相互耦合和作用，使得运动性能更加完善、运动形式更加多样化，但是设计较单一机构更加困难。如图2-2所示，分别为输出轨迹变化多样的齿轮连杆组合机构、能实现任意输出轨迹的凸轮连杆组合机构。

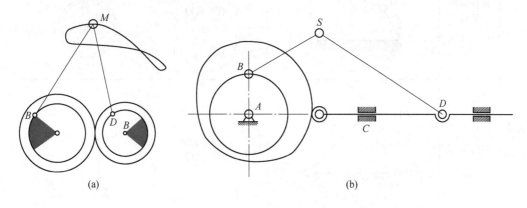

图2-2 组合机构案例

（a）齿轮连杆组合机构；（b）凸轮连杆组合机构

2.3.3 机构的变异与演化

"横看成岭侧成峰，远近高低各不同"，在工程机械产品创新设计过程中，由于视角或出发点不同，构件外形创新设计思路与功能实现方式也会有很大不同。

　　四杆机构是最简单的机构，但通过使用不同的构件作为动力输入/输出、构件外形创新设计，包括改变构件的形状和运动尺寸、改变运动副的尺寸、选用不同的构件为机架、运动副元素的逆换等，就会产生多种产品，如生活中常见的划船健身器、健骑机、旋转木马等，如图 2-3 所示。

图 2-3　常见四杆机构的娱乐健身器械
(a) 划船健身器；(b) 健骑机；(c) 旋转木马

　　表 2-2 列举了四杆机构变异与演化出的多达 14 种的不同类型机构，最简单的四杆机构可以变化出如此多的机构类型，而且不同的结构尺寸可获得不同的机械产品，因此机械产品的创新设计是"无止境"的。

表 2-2　四杆机构变异与演化出的机构

铰链四杆机构	曲柄摇杆机构		齿轮机构	
	双摇杆机构		高副机构	摆动从动件凸轮机构
	双曲柄机构			直动从动件凸轮机构

续表2-2

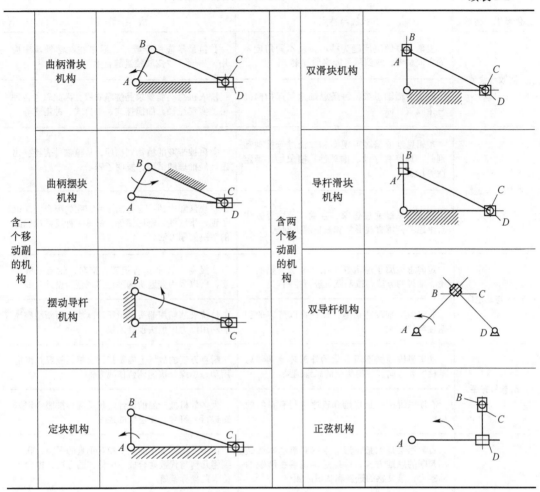

含一个移动副的机构	曲柄滑块机构	含两个移动副的机构	双滑块机构
	曲柄摆块机构		导杆滑块机构
	摆动导杆机构		双导杆机构
	定块机构		正弦机构

2.4　基于功能元求解机械系统设计

法国著名的生理学家贝尔纳曾说过："良好的方法能使我们更好地发挥天赋的才能，而笨拙的方法则可能阻碍才能的发挥。"针对给定的机械系统工艺参数和运动学、动力学参数要求，有多种方法求解获得机械系统设计方案。方法和技巧可以说比内容和实施更重要。

2.4.1　创新思维方法

创新思维是一种思维方法，而创新的核心就在于创新思维。良好的创新思维方式可使人的创新点层出不穷，否则思维阻塞、举步维艰。各种思维方法相互交叉，又各自有自身的特点，但人们在思考和解决一个问题时，通常会不自觉地应用一个或多个思维方法，因此系统并合理地使用各种思维方法，可以帮助我们尽快地找到解决问题的办法，常见的创新思维方法及其特点和案例见表2-3。

表 2-3　创新思维方法及其特点和案例

创新思维方法	技法与特点	应 用 案 例
发散与收敛	发散是以解决问题为核心，从不同角度不同方向思考，找到尽可能多的答案	拉链最早应用于鞋子，后来在医学领域中应用，出现了"皮肤拉链缝合术"
	收敛为辐轴思维，每条思维途径都指向同一个收敛目标	洗衣机总功能要求是洗净衣服，因此思考各种可能实现途径，如搅拌式、拍打式、冲击式等
逻辑与非逻辑	逻辑思维依据客观现实和理论进行推理和判断，具有有序性、推理性、抽象性、确定性等特点	鲁班被带刺的植物划伤后，从植物外表特征出发，经推理和试验，发明了锯子
	非逻辑思维通过想象、直觉、灵感等方式自由思考，用直观形象和表象解决问题	常规认知中锁一定是钥匙和锁孔的配合，而电子锁、指纹锁、密码锁等，都是一种反常规思路的解决问题方法
定向与非定向	定向思维属于逻辑性思维，基于成熟的理论、常规的方法，按部就班进行推断	救援变形金刚具有担架、推车、轮椅三种构态，所以采用变胞机构理论实现创新设计实践
	非定向思维没有束缚，具有难以形容的创造性和技巧性	传统破冰船用船头重量压碎冰块，而新型破冰船利用浮力用船头顶破冰块
动态与有序	动态思维根据不断变化的外部环境调整思维秩序和方向，获得优化的思维结果	瞬息万变的战场上需要指挥官根据战况熟练应用动态思维，快速调整作战方针
	有序思维按一定规则和秩序进行有目的的思维	大多数机械产品的设计流程是逐步按照既定思路进行，符合有序思维的逻辑
直觉与灵感	直觉思维是无意识形态下的对事物本质做出判断的思维方式，体现对客观事物敏锐的洞察力，是灵感的迸发和认识的顿悟	笛卡儿根据墙角的三个相互垂直的平面，联想到将几何与代数融合成一个整体的方法，提出了笛卡儿坐标系统
	灵感是直觉性创造活动达到高潮时产生的思维，未经逻辑推理迅速对事物做出理解和结论，是显意识和潜意识相互交融的结果，是实践经验和知识能力积累的创作	俄罗斯化学家门捷列夫在玩纸牌时获得灵感，以原子量和化合价为基准，制作了化学元素周期表

2.4.2　功能元对应基本机构

　　任何一个复杂的机械系统都由完成各个不同动作的功能元组成，而一个功能元对应一个或多个动作，一个或多个动作的完成对应单一机构或组合机构，即遵循"功能—动作—机构"的倒推机理。此外，要重视机械原理的基础知识学习，善于归纳总结常见机构的功用，熟悉简单动作的实现有哪些可行的方案，为设计出构思巧妙、功能多样的产品打下基础。

　　常见动作转换与对应基本机构，见表 2-4。除了了解各种机构在动作转换方面的特性外，还应对各种典型机构的设计难易程度、制造成本和条件有比较合理的分析论证，从而对机械系统中每一个功能元排列出所有可能的设计子方案。

表 2-4 常见动作转换与对应基本机构

动作转换	典型基本机构	基本机构特点
回转运动—回转运动	双曲柄连杆机构	主动件的匀速转动,产生从动件的变速转动,具有平均角速度相同的特点
	圆柱齿轮机构	恒定的传动比
	非圆齿轮	主动件的匀速转动,产生从动件的变速运动,可根据需要调节从动件输出
	带轮传动、链轮机构	恒定的传动比,主动件与从动件间有较大的中心距
	摩擦轮传动	依靠挤压摩擦传动,传动比难以确定
	槽轮机构	主动拨盘的连续匀速转动,产生从动件的间歇转动,且从动件转速波动较大
	棘轮机构	主动件带动从动件作同一方向的、固定单位角度的同步转动
	不完全齿轮机构	在啮合区域具有恒定的传动比
	涡轮蜗杆机构	实现空间两轴线角速度的恒定传动比
	圆柱凸轮机构	可实现转动从动件转角与主动凸轮转角间的函数关系式
	万向传动机构	可实现交错轴间转动的运动传递
回转运动—直线运动	曲柄滑块机构	曲柄的整周转动转化为滑块的往复直线运动
	螺旋机构	丝杠的旋转运动,转化为套接其上滑块的直线运动
	直动从动件凸轮机构	凸轮的转动,转化为直动从动件的任意直线规律
	圆柱凸轮机构	圆柱凸轮的转动,转化为与其导槽接触的移动从动件的直线运动
	齿轮齿条机构	齿轮的转动,转化为齿条的往复直线运动
回转运动—往复摆动运动	曲柄摇杆机构	曲柄的整周转动,转化为摇杆的左右往复摆动
	摆动从动件凸轮机构	凸轮的整周转动,转化为与其接触的摆动从动件的往复摆动
直线运动—直线运动	楔紧机构	两个有一定接触角的楔紧块,在各自的导槽内做直线运动
	移动凸轮机构	展开式移动凸轮,将其直线往复移动转化为与其接触的移动从动件在导槽内的往复移动
	双滑块机构	两个通过连杆连接的滑块,在各自的导槽内移动,实现各自直线运动的传递

从机构的角度看,某一功能就意味着要具有某一个特定的动作。单独为一个动作设计一个运动链或运动方案是比较简单的,难在整体要将多个功能即多个动作整合到一个运动链中,或者将多个独立的机构整合到一个机械产品中,并且要求互相协调、互不干涉。因此,巧妙地用一个运动链来实现多个动作,充分考虑运动干涉、结构尺寸配置、各子动作的相互配合与影响等因素,这是机械创新设计的关键环节。

2.5 工程机械产品的评价

在选定工程机械产品的功能和创新点之后,还要进行科学合理的分析论证和可行性分析。产品的可行性分析有问题,再美好的设计理念也只能"束之高阁",这里包括技术实现手段的科学性和合理性、加工制作的难易程度和加工方法选择的合理性、制作时间安排、人员技能水平等。

建立工程机械产品评价体系是量化评价的方法之一。评价体系可将产品评价指标划分为五大类型，具体评价时需要针对五大类型给出更为细致的子项分值，然后对整机进行评价。

（1）工程机械产品的功能、在满足产品使用可靠性的前提下，尽可能提高产品的工作效率。当然，效率要保证各个功能的实际完成质量。

（2）工程机械产品的工作性能。产品工作性能是基于实际使用环境包括运动轨迹、某个位置速度和加速度要求、整周期传动角等提出的。这些要求需要设计者多角度思考，并将这些性能要求作为设计考核指标。

（3）工程机械产品的动力性能。运转平稳、加速度小、无较大冲击、振动小和噪声低等是重要的评价指标，尤其对未获得在基座上支撑或平衡的连杆机构更是如此。

（4）工程机械产品的经济性。制造难易、安装调整的方便性、维修的便利性直接影响了机构及机械的经济性。

（5）工程机械产品的结构紧凑性。机械的结构简单、尺寸紧凑、重量轻、传动链短、工作可靠是重要的评价指标。

综合考虑上述各方面的评价指标，才能在诸多机械运动方案的设计中选出最优方案。

复习思考题

2-1　简述工程机械产品研发的流程。

2-2　列举三种常用机构的特点及应用场合。

2-3　常用的创新思维方法主要有哪些？

2-4　实现回转运动转换为直线运动，一般选择哪几类机构？

3 工程搬运小车的关键部件

❖ **课程思政**

工程搬运小车主要由机械结构件、Arduino 控制板、控制电机、电机驱动装置和传感器等核心部件组成。它运用了计算机、传感、信息、通信、导航、人工智能及自动控制等技术实现环境感知、规划决策和自动行驶，是一个多种高新技术的集成体，全国大学生工程实践与创客大赛、电子设计竞赛每年都有小车相关题目，所以选择工程搬运小车作为创新设计与实践典型案例，具有非常重要的实际意义。如果将工程搬运小车涉及的技术应用到现实生活中，可以使我们的未来生活变得更加智能。工程搬运小车还可以应用在科学研究、地质勘测、危险搜索、智能救援等领域。

本章以工程搬运小车为例，详细介绍工程搬运小车的关键技术、机械结构件和控制部件。控制部件详细介绍了 Arduino 控制板、各类控制电机、常见电机驱动装置和各类传感器的工作原理，其中电机驱动装置包括直流有刷电机驱动器、步进电机驱动器和舵机控制板，传感器包括接近开关、测距传感器、编码器、微机电系统传感器、条形码识别器和灰度传感器等。

3.1 工程搬运小车关键技术

3.1.1 计算机控制技术

计算机控制技术控制着工程搬运小车的"智能"部分，包括自动判断小车本身所处的环境、对指令进行分析推理和准确实施一个正确的行为等，这些都是需要计算机依靠其强大的传感器功能实现控制的。

3.1.2 导航技术

在导航技术下工程搬运小车能根据传感器提供的信息，感知其所在的环境状况，按照预先设定的程序完成避障等操作，导航技术是工程搬运小车可以正常运行的重要技术。

常见的导航方式有电磁导航、超声波导航、激光导航、视觉导航、GPS 导航和红外导航等，为了提升工程搬运小车行走的灵活性，需要加大导航技术在小车领域的研究力度。

3.1.2.1 超声波导航

超声波导航是工程搬运小车导航方式中应用广泛的一种，其实质为通过超声波传感器实现距离测量。超声波原理是发射器发出超声波，超声波在遇到障碍物后返回超声波接收器，通过计算两者的时间差即可得出小车与障碍物之间的距离。

3.1.2.2 电磁导航

电磁导航原理是在地下埋下导线，通过导线中不同频率电流产生的磁场从而"引导"小车的行动，属于典型的非主动导航模式。该方式的优点是结构简单、便于操作，并且受外界环境的影响小，但由于路线是固定的，因此应变能力较差。

3.1.2.3 激光导航

激光导航原理是在行驶路径周围安装位置精确的反射板，工程搬运小车通过发射激光束，同时采集由反射板反射的激光束，即可确定其当前的位姿。激光导航可实现较高的精度，然而由于其需要依靠激光束进行测距，因此容易受光线等外界环境因素的干扰。

作为小车自主移动的关键技术，同步定位与地图构建导航被定义为解决小车从未知环境的未知地点出发，在运动过程中通过重复观测到的墙角等地图特征定位自身位置和姿态，再根据自身位置增量式地构建地图，从而达到同时定位和地图构建的目的。我国思岚科技研究的工程搬运小车以 RPLIDAR 系列激光雷达作为核心传感器，并配合自主研发的高性能模块化定位导航系统 SLAMWARE，可使小车实现自主定位、自动建图、路径规划与自动避障，帮助解决小车自主行走问题。

3.1.2.4 视觉导航

视觉导航原理是在地面上涂上与周围颜色反差较大的涂料或油漆，根据小车中安装的摄图传感器不断拍摄的图片与存储图片进行对比，偏移量信号输出给驱动控制系统，控制系统经过计算纠正小车的行走方向，实现对其的导航。

3.1.3 路径规划技术

路径规划技术根据小车的移动要求，确定性能指标，规划无碰撞的行进路线，分析传感器收集的环境信息，凭借环境信息控制程度将小车行进路径划分为局部与全局两种类型，收集更多的环境信息。

3.1.4 多传感器信息融合技术

多传感器信息融合技术是工程搬运小车的核心技术，从多个传感器获得环境信息，并对环境信息进行融合、分析、处理，统一信息的实时性、互补性、冗余性，从而可以发挥环境信息的价值，让小车通过分析的信息，掌握所处环境的特点，并根据系统内部植入的算法进行判断，保障小车可以按照工作需要移动。

3.2 搬运小车的机械构件

PDF 文档 3.2

工程搬运小车是利用机械传动、现代微电子技术组合而成的一种机械电子设备。对工程搬运小车整体创新设计而言，小车的机械结构是非常重要的一部分内容。小车如何运动、有多重及重量是如何分布在整个机械结构上的，解决这些问题决定了一个小车设计是否成功的关键。所以在设计工程搬运小车时要充分考虑这些方面，同时还要满足强度设计准则、刚度设计准则以及要考虑装配的设计准则。在考虑装配设计准则时，构成整个装配体的各个机械结构件的设计就尤显重要了。本节根据 2021 年参赛的搬运小车的机械结构件进行简要的介绍，工程搬运小车三维模型如图 3-1 所示。

视频 3-1

图 3-1　工程搬运小车三维模型

工程搬运小车的主要机械结构件一般包括底板、电机架、电机联轴器、全向轮和长 U 舵机架等部分。

（1）底板。

材料：材质一般为亚克力板，少数用薄型铝板。

用途：底板上设计了小孔或者过道，如图 3-2 所示，用来固定小车的其他零件，使小车能够装配起来成一个整体。

注意：在设计底板时，要有全局观念，合理分布零件的位置。在确定孔的大小时，要设置稍微大一点，便于安装。

（2）电机架。

材料：材质一般为 ABS（ABS 塑料是丙烯腈（A）、丁二烯（B）、苯乙烯（S）三种单体的三元共聚物）或 PLA（聚乳酸，又称聚丙交酯，是以乳酸为主要原料聚合得到的聚酯类聚合物，是一种新型的生物降解材料）。

用途：电机架用来连接底板和直流电机，如图 3-3 所示。

注意：电机架是连接底板和电机的重要构件，它要承受底板之上所有的重力，所以设计时要考虑它的结构是否满足强度和刚度的要求。

图 3-2　底板

图 3-3　电机架

（3）电机联轴器。

材料：材质一般为 ABS 或 PLA。

用途：电机联轴器用来连接电机和全向轮，如图 3-4 所示。

注意：设计时要考虑公差，孔的尺寸要略大于相配合轴的尺寸，达到便于拆卸的目的。

（4）全向轮。

全向轮包括轮毂和从动轮，如图 3-5 所示，轮毂的外圆周处均匀开设有 3 个或 3 个以上的轮毂，每两个轮毂齿之间装设一个从动轮，该从动轮的径向与轮毂外圆周的切线方向垂直，设计制作起来比较困难，建议直接购买成品。

图 3-4　电机联轴器　　　　　　　　图 3-5　全向轮

（5）长 U 舵机架。

材料：材质一般为 ABS 或 PLA，也可使用薄型铁片。

用途：长 U 舵机架作为机械臂的重要部分，如图 3-6 所示，相当于人手的骨骼，起到延伸臂长的作用。

注意：设计时，要考虑与舵机连接的部分形状和连接孔的高度，不能在转动时存在干涉。

（6）多功能舵机支架。

材料：材质一般为 ABS 或 PLA。

用途：多功能舵机支架用来连接长 U 舵机架和舵机，固定舵机的位置，如图 3-7 所示。

图 3-6　长 U 舵机架　　　　　　　　图 3-7　多功能舵机支架

（7）舵盘。

材料：材质一般为 ABS 或 PLA。

用途：舵盘一端与舵机的齿轮啮合，一端与长 U 舵机架连接，实现长 U 舵机架的转动，如图 3-8 所示。

（8）机械爪齿轮。

材料：可以用亚克力进行激光切割得到，也可以用 ABS 或 PLA 通过 3D 打印得到。

用途：机械爪齿轮与舵机相连，与从动机械爪板啮合，实现从动机械爪板的传动，如图 3-9 所示。

注意：设计时要保证机械爪齿轮与从动机械爪板的传动比为 1。

图 3-8　舵盘　　　　　　　　　　图 3-9　机械爪齿轮

（9）机械爪板。

材料：材质一般为 ABS 或 PLA。

用途：机械爪板用来夹持物体，如图 3-10 所示。

注意：机械爪板的设计是整个机械手臂设计的重点，本节中的机械爪板只是一个例子，实际设计中要根据夹持的物体来设计机械爪板的形状，还要保证在受到突然的振动时，夹持的物体不能松动。

（10）电池架。

材料：材质一般为 ABS 或 PLA。

用途：电池架用来固定电池的位置，如图 3-11 所示。

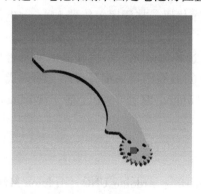 

图 3-10　机械爪板　　　　　　　　图 3-11　电池架

（11）轴承。轴承的主要功能是支撑机械旋转体，降低其运动过程中的摩擦系数，并保证其回转精度。轴承为标准件，根据自己需要的尺寸选用即可，6805 轴承如图 3-12 所示。

（12）螺钉。螺钉是一种常见的紧固件，广泛应用在机械、电器及建筑物上。一般材质为金属，螺钉为标准件，根据需要选用即可。图 3-13 为 M3 圆头螺钉。

（13）防松螺母。防松螺母是一种常见的紧固防松螺母，它具有较大的防松、抗振能力，为标准件，根据需要选用即可。图 3-14 为 M3 圆头螺母。

图 3-12　6805 轴承

图 3-13　M3 圆头螺钉

图 3-14　M3 圆头螺母

3.3　搬运小车的控制部件

PDF 文档 3.3.1

3.3.1　Arduino 控制器

Arduino 是一款便捷灵活、方便上手的开源电子原型平台，构建于开放原始码 simple I/O 界面版，并且具有使用类似 Java、C 语言的 Processing/Wiring 开发环境。Arduino 是实现创客实践的主要控制板，包含两个部分：一个是硬件部分 Arduino 电路板；另外一个则是程序开发环境 Arduino IDE。只要在 IDE 中编写程序代码，将程序上传到 Arduino 电路板后，Arduino 板就知道要做些什么了。

Arduino 通过各种各样的传感器来感知环境，通过控制灯光、马达和其他的装置来反馈、影响环境。板子上的微控制器可以通过 Arduino 的编程语言来编写程序，编译成二进制文件，烧录进微控制器。Arduino 编程是通过 Arduino 编程语言（基于 Wiring）和 Arduino 开发环境（基于 Processing）来实现的。

3.3.1.1　常用的 Arduino 控制器

常用的 Arduino 控制器包括 Arduino 101/Genuino 101、Arduino UNO、Arduino MEGA、Arduino Leonardo 等。

（1）Arduino 101/Genuino 101。Arduino 101/Genuino 101 是一个性能出色的低功耗开发板，如图 3-15 所示，它基于 Intel® CurieTM 模组，价格合理，使用简单。101 不仅有着和 UNO 一样特性和外设，还额外增加了 BluetoothLE 和 6 轴加速计和陀螺仪等。

图 3-15　Arduino 101/Genuino 101

（2）Arduino UNO。Arduino UNO 是目前使用最泛的 Arduino 控制器，如图 3-16 所示，具有 Arduino 的所有功能，是初学者的最佳选择。

图 3-16　Arduino UNO

（3）Arduino MEGA。Arduino MEGA 是一个增强型的 Arduino 控制器，如图 3-17 所示，相对于 UNO，它提供了更多的输入/输出接口，可以控制更多的设备，以及拥有更大的程序空间和内存是完成较大型项目的好选择。本书大部分章节将用 Arduino MEGA 进行教学演示，在掌握了 MEGA 的开发技巧以后，就可以将自己的代码轻松地移植到其他型号的控制器上。

（4）Arduino Leonardo。Arduino Leonardo 是 2012 年推出的新型 Arduino 控制器，如图 3-18

图 3-17　Arduino MEGA

所示，使用集成 USB 功能的 AVR 单片机作为主控芯片，不仅具备其他型号 Arduino 控制器的所有功能，还可以轻松模拟出鼠标、键盘等 USB 设备。

（5）Arduino Due。Arduino Due 是 Arduino 官方在 2012 年推出的控制器，如图 3-19 所示。与以往使用 8 位 AVR 单片机的 Arduino 板不同，Due 突破性地使用了 32 位的 ARM CortexM3 作为主控芯片。它集成了多种外设，有着其他 Arduino 板无法比拟的性能，是目前最为强大的 Arduino 控制器。

图 3-18　Arduino Leonardo

图 3-19　Arduino Due

（6）Arduino Zero。Arduino Zero 使用 Atmel 公司的 ARM Cortex-Mo 芯作为主控芯片，如图 3-20 所示，最大特点是提供 EDBG 调试端口，可以联机进行单步调试，极大降低了 Arduino 开发调试的难度。

（7）小型化 Arduino。Arduino 还有许多小型化的设计方案，如图 3-21 所示。常见的小型 Arduino 控制器有 Arduino Nano、Arduino Mini、Arduino Micro、Arduino Lilypad 等，其中 Arduino Mini 和 Arduino Lilypad 需要外部模块配合来完成程序下载功能。

图 3-20　Arduino Zero

图 3-21　小型化 Arduino

（8）Arduino 兼容控制器。Arduino 公布了原理图及 PCB 图纸，并使用了开源协议，使得其他硬件厂商也可以生产 Arduino 控制器，但"Arduino"商标归 Arduino 团队所有，其他生产商不能使用。Arduino 代理商、国内知名的开源硬件厂商 OpenJumper 提供的 Zduino（见图 3-22）和 DFRobot 提供的 DFRduino 是国内 Arduino 爱好者的理想选择。

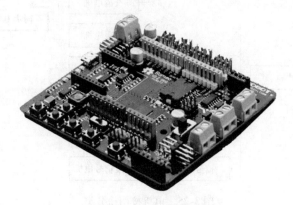

图 3-22　Arduino 兼容控制器

3.3.1.2　Arduino 扩展板

扩展板（Shield）是可以堆叠接插到 Arduino 上的电路板，不同的扩展板有着不同的功能，如图 3-23 所示。

使用扩展板时，不必考虑接口位置，只需把它们叠加到 Arduino 上即可，有些扩展板可以重叠多个，以达到扩展多个功能的目的，如图 3-24 所示。

图 3-23　Arduino 兼容的扩展板

图 3-24　多个扩展板堆叠使用

3.3.2　控制电机

控制电机分类方式有很多种，根据用途进行分类，电机可分为控制电机、功率电机以及信号电机，如图 3-25 所示。按照工作电源种类划分，可分为直流电机与交流电机两大类。直流电机按照结构及工作原理可分为无刷直流电机与有刷直流电机。有刷直流电机可分为永磁直流电机与电磁直流电机。交流电机可分为同步电机与异步电机，异步电机又可划分为交流换向器电机与感应电机，电机分类如图 3-26 所示。

PDF 文档 3.3.2

工程搬运小车常用电机主要包括直流有刷电机、直流无刷电机、步进电机、舵机和伺服电机等。

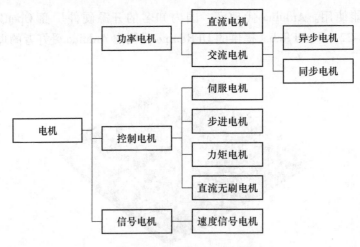

图 3-25　电机按用途分类

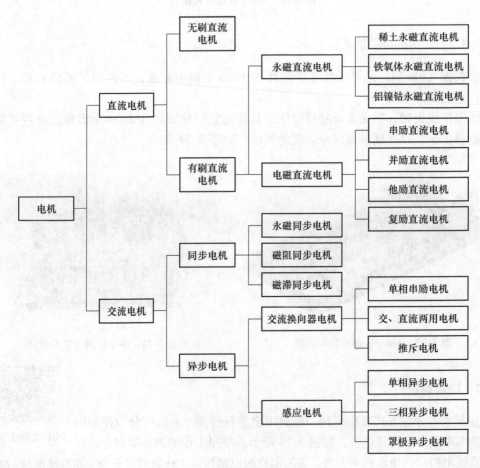

图 3-26　电机按结构及原理分类

3.3.2.1　直流有刷电机

直流有刷电机结构简单、操控方便、成本低廉，具有良好的启动和调　　视频 3.3.2.1

速性能等优势，被广泛应用于各种动力器件中，如玩具、按钮调节式汽车座椅、印刷机械等。

直流有刷电机内外部结构如图3-27所示。直流电源的电能通过电刷和换向器进入电枢绕组，产生电枢电流，电枢电流产生的磁场与主磁场相互作用产生电磁转矩，使电机旋转带动负载。

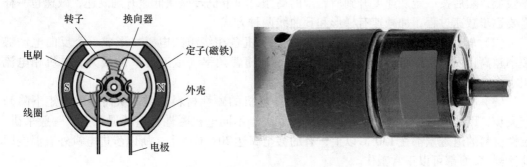

图 3-27　直流有刷电机内外部结构

有刷电机的控制十分简单，连接直流电源，电机自启动。如要实现反向旋转只需将直流电源线对调，而要在有限的范围内调整运动速度，只要升高或降低供电电压即可。

电刷和换向器的存在，导致有刷电机存在可靠性差、故障多、寿命短、换向火花易产生电磁干扰等缺点，但有刷电机具有价格低廉、易于生产、控制简单、维修方便等特点。

直流有刷电机在使用时需要注意以下两点：

（1）由于电机转动时换向火花容易产生电磁干扰，因此电机的控制系统需注意抗干扰保护；

（2）电机选型时需注意功率与扭矩的需求，以防出现负载过大导致电机堵转，这时电机与驱动电路会烧坏。

3.3.2.2　步进电机

步进电机是一种将数字脉冲信号转化为角位移的执行机构。当步进驱动器接收到一个脉冲信号，它就驱动步进电机按设定的方向转动一个固定的步距角。可以通过控制脉冲个数来控制角位移量，从而达到准确定位的目的，同时可以通过控制脉冲频率来控制电机转动的速度和加速度，从而达到调速的目的。一般步进电机的精度为步进角的3%～5%，且不累积。

视频 3.3.2.2

步进电机分为永磁式（PM）、反应式（VR）和混合式（HB）三种类型，三者的特点见表3-1。

表3-1　步进电机类型

永磁式步进电机	一般为两相，步进角一般为7.5°或15°，转矩和体积较小
反应式步进电机	一般为三相，可实现大转矩输出，步进角一般为0.75°。输出转矩较大，转速也比较高。反应式步进电机在机床上使用较多
混合式步进电机	具有永磁式和反应式的优点，分为两相、三相、四相和五相。其中两相（四相）步距角一般为1.8°，三相步距角通常为1.2°，而五相步进角多为0.72°。目前混合式步进电机的应用最为广泛

混合式步进电机内部结构如图 3-28 所示，使用步进电机还需要注意以下几点。

（1）丢步。步进电机的空载启动频率是步进电机在空载情况下能够正常启动的脉冲频率。如果脉冲频率高于该值，电机不能正常启动，可能发生丢步或堵转。在有负载的情况下启动频率应更低。如果要使电机达到高速转动，脉冲频率应该有加速过程，即启动频率较低，然后按一定加速度升到所希望的高频，即电机转速从低速升到高速，减速也一样需要逐步减速过程，加减速有梯形和 S 曲线两种方式。

（2）转速与力矩。当步进电机转动时，电机各相绕组的电感将形成一个反向电动势，频率越高，反向电动势越大。在它的作用下，随着频率（或速度）的增大，电机相电流减小，导致力矩下降。

（3）温度。步进电机温度过高首先会使电机的磁性材料退磁，从而导致力矩下降乃至失步，因此电机外表允许的最高温度应取决于不同电机磁性材料的退磁点。一般来讲，磁性材料的退磁点都在 130 ℃ 以上，有的甚至高达 200 ℃ 以上，所以步进电机外表温度即使达到 80 ℃ 都可以正常工作。

（4）接线方式。最常见的二相混合式步进电机为二相四线与二相六线两种，步进电机接线方式如图 3-29 所示。

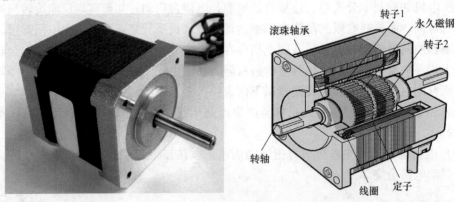

图 3-28　步进电机外形及内部结构

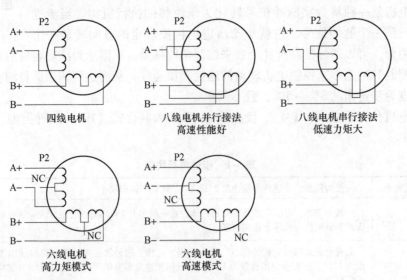

图 3-29　步进电机接线方式

3.3.2.3 舵机

舵机主要由控制驱动电路、直流电机、电位计、齿轮组、动力输出轴组成,舵机外观如图 3-30 所示。

图 3-30 舵机

舵机控制系统是一个闭环控制系统,如图 3-31 所示,其中位置检测装置电位计是它的输入传感器,若舵机转动位置变化,位置检测器的电阻值就会跟着变化。通过控制电路读取该电阻值的大小,就能根据阻值适当调整电机的速度和方向,使电机向指定角度旋转从而实现了舵机的精确转动角度的控制。

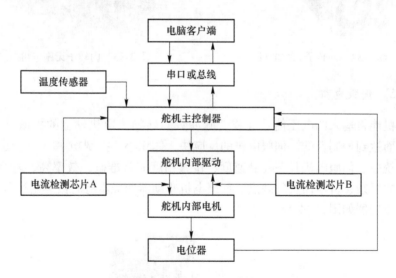

图 3-31 舵机控制系统

舵机可以控制输出轴的转动角度,而一般的角度舵机常用 180°舵机。180°舵机的输出轴的转动角度只能是 0~180°,不能 360°连续旋转,并且大部分厂家会做机械限位,例如 180°舵机加机械限位后从机械机构上就决定了转出轴的转动角度只能是 0~180°。

根据实际应用的需求,市面上的角度舵机还有 270°舵机、300°舵机等,它们的控制方式与构成基本都是类似的。除了角度舵机,市面上还有一种可 360°旋转的"伪舵机",360°舵机不可控制转动度,它是连续转动的,但是其可以控制转动速度与方向。

3.3.2.4 无刷电机

无刷电机取消了有刷电机的换向器与电刷，通过控制电路实现了换向器与电刷的功能，因此无刷电机的使用寿命大大延长。无刷电机的驱动电流有两种：一种是梯形波（方波）；另一种是正弦波。一般把方波驱动的称为无刷电机；把正弦波驱动的称为永磁同步电机，实际上就是伺服电机。无刷电机与伺服电机有类似的优缺点。无刷电机比永磁同步电机造价便宜一些，驱动控制方法简单。

同时根据构成上是否集成编码器，无刷电机可区分为无刷无感电机与无刷有感电机，无刷有感电机与无刷无感电机的外形一样，可以从电机线束上判断，无刷无感电机只有 3 根导线，而无刷有感电机则多了编码器的导线。

根据其转子类型，无刷电机又可分为外转子无刷电机与内转子无刷电机。外转子无刷电机如图 3-32 所示，内转子无刷电机如图 3-33 所示。

图 3-32   外转子无刷电机   图 3-33   内转子无刷电机

3.3.2.5 伺服电机

伺服电机能将输入的电压信号（或者脉冲数）转换为电机轴上的机械量，拖动被控制元件，从而达到控制目的。伺服电机的反应快、体积小、控制功率小，主要应用在各种运动控制系统中。伺服电机具备控制速度、位置精度非常准确，效率高、寿命长的优点，但是存在控制复杂、价格昂贵的缺点。伺服电机驱动器的成本有时甚至超过电机本身，伺服电机及其驱动器如图 3-34 所示。

图 3-34   伺服电机及其驱动器

伺服电机分为直流和交流两类，在控制精度不高的情况下，才采用一般的直流电机做伺服电机。伺服电机是指交流永磁同步电机或者直流无刷电机。

3.3.3 电机驱动装置

3.3.3.1 直流有刷电机驱动器

PDF 文档 3.3.3.1

直流有刷电机如果需要实现转速控制而不需要正反转控制，其控制电路中使用单个MOS 管便可实现，具体电路如图 3-35 所示。

当 MOS 管 VT_1 导通时，电机得电开始转动；当MOS 管 VT_1 断开时，电机电路断开停止转动。但是当需要控制电机转速时，一般采用 PWM 信号控制。

PWM 是脉冲宽度调制（Pulse Width Modulation）的缩写，是利用微处理器的数字输出来对模拟电路进行控制的一种非常有效的技术，广泛应用于从测量、通信到功率控制与变换的许多领域中。

PWM 信号的核心参数为周期（或频率）与占空比，占空比就是指在一个周期内，信号处于高电平的时间占据整个信号周期的百分比，例如方波的占空比就是50%。它通过对一系列脉冲的宽度进行调制，等效出所需要的波形（包含形状以及幅值），对模拟信号电平进行数字编码，也就是说通过调节占空比来调节信号、能量等。

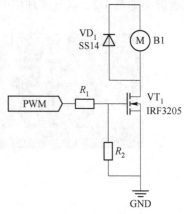

图 3-35　电机转速控制电路

对于图 3-35 中的直流电机来讲，MOS 管导通，电机就可以转动，但是当 MOS 管截止，电机由于惯性是不会立刻停止的而是慢慢减速，但是当电机还未停转，MOS 管又再次导通，如此往复，电机的转速就是周期内输出的平均电压值，那么在一个周期的平均速度就是 PWM 信号占空比调制出来的速度了。因此理论上来讲，PWM 信号的周期越短，电机转速控制就越平稳，但是由于 MOS 管的开关频率存在限制，一般情况下选择 PWM 信号的频率为 20 kHz。

工程搬运小车上的直流电机需要对电机的转速进行控制，同时也需要对电机的正反转进行控制，可以选用 H 桥电路芯片 L298N 或者 DBH-01B 双路驱动器等。H 桥电路芯片 L298N 驱动效率高，可以方便地控制速度和正反转，具有高速度和高稳定性的特点。但是电流负载小，散热不理想，不适合长时间工作。

DBH-01B 双路驱动器驱动电机速度快，有效发挥电机功率，能承受大电流过载，优点是响应速度快，刹车迅速，采用 MOSFET 驱动芯片，自带硬件刹车功能和电能回馈功能，安全可靠。DBH-01B 双路驱动器如图 3-36 所示。

选用 DBH-01B 的驱动模块比 MC33886 或 L298 电机驱动模块的性能要好得多。它的驱动模块在电机启动速度和

图 3-36　DBH-01B 双路驱动器

功率效率方面表现得非常好。它可以承受大电流过载。此驱动器具有制动功能,可快速停止电动机,而且操作非常容易。其性能优于驱动模块的 MC33886 芯片。驱动模块包含全桥驱动芯片和低内阻的 MOSFET。全桥驱动器 IC 使 MOSFET 的开关损耗最小,提高了功率效率。MOSFET 驱动芯片具有硬件制动功能和功率反馈功能。MOSFET 是目前的耐冲击类型,内部阻力为 0.003 Ω。MOSFET 通道可以快速打开,以提高电机的速度曲率,也可以快速制动电机。此功能可以使汽车快速启动或停止。驱动模块重 15 g。它可以在 0 ~ 98% 的 PWM 循环下工作,这是一个普通的驱动模块,DBH-01B 引脚分布如图 3-37 所示,控制定义见表 3-2,电气原理如图 3-38 所示。

图 3-37　DBH-01B 引脚图

表 3-2　DBH-01B 控制

项　目	EN	RPWM	LPWM	DIS
向前旋转	1	PWM	1	空
旋转方向	1	1	PWM	空
停车刹车	1	1	1	空
停车但是不刹车	0	1	1	空
禁止使用	X	X	X	1

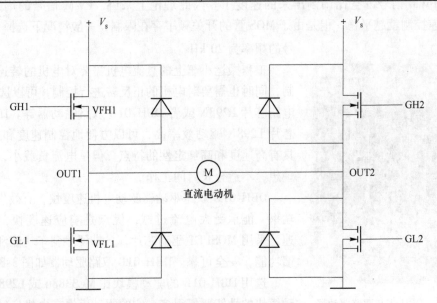

图 3-38　DBH-01B 电气原理图

因为控制板的 I/O 口驱动能力差,不能直接连接电机,所以需要将四个电机接至单独的驱动模块,再由控制板来控制驱动模块。当电机以相同速度且转向相同时,机器人便能够直行。若需要转弯,只需改变速度差,车体会自然地向速度慢的一侧转弯,遇到直角这种较大幅度的转向,就需要改变车轮的转向,车体将会大幅度向反转的一侧转向。电机驱动器 DBH-01B 具体性能见表3-3。

表3-3 DBH-01B 具体性能

主控芯片	DBH-01B	主控芯片	DBH-01B
工作模式	双 H 桥驱动	驱动电流	50 A
逻辑电压	12 V	最大功率	50 W
驱动电压	5 ~ 12 V	尺寸	60.5 mm×45.5 mm×30 mm

3.3.3.2 步进电机驱动器

常见的步进电机驱动器主要分为两类:第一类为各大公司出品的集成芯片,而集成芯片又分为内置 MOS 管与外置 MOS 管,其中内置 MOS 管的集成芯片通过简单的外围电路便可实现步进电机的控制;第二类也是直接使用单片机、DSP 等可编程芯片配合 MOS 管等外围芯片实现步进电机的控制。双路 42 步进电机驱动扩展板以及 A4988 驱动器工程搬运小车的步进电机驱动器,如图3-39 所示。

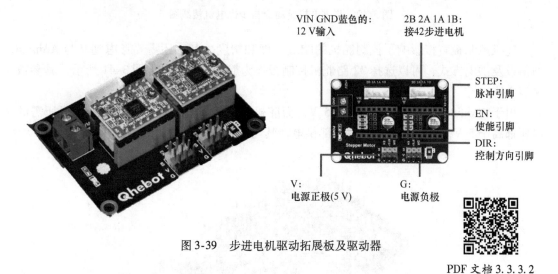

图 3-39 步进电机驱动拓展板及驱动器

PDF 文档 3.3.3.2

其与步进电机的接线原理图如图3-40 所示。

3.3.3.3 舵机控制板

舵机电源电压一般为 DC 3 ~ 6 V,高压舵机一般为 DC 6 ~ 8.4 V。小型工程搬运小车一般使用电池电压为 12 V 或者 24 V,舵机需要的电流由舵机自身的输出功率决定,而常见的大扭矩舵机往往输出功率较高,因此电源处理电路是整个舵机驱动电路的核心。

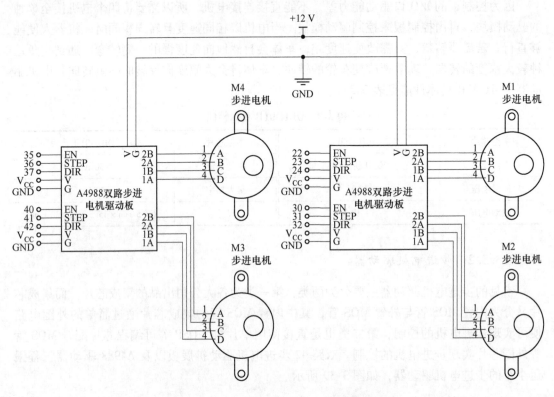

图 3-40　步进电机驱动板与步进电机接线图

　　舵机控制板直接影响了控制舵机的响应速度和精度，其次还需要考虑到其与 Arduino 通信以及供电方式，可以选择 32 路舵机控制板作为舵机控制器，如图 3-41 所示，其参数见表 3-4。

　　由于 Arduino 引脚输出电压只有 5 V，而舵机控制板所需要的芯片电压及舵机所需的电压都高于 5 V，所以采用锂电池外部供电，其与舵机的接线图如图 3-42 所示。

PDF 文档 3.3.3.3

图 3-41　32 路舵机控制板

表 3-4 32 路舵机控制器参数

参数名	参数规格
通信输入	USB 或者串口
额定工作电压	直流 7~12 V
控制精度	1 μs
低压报警	支持
信号输出	PWM
波特率	9600 B/s、19200 B/s、38400 B/s、57600 B/s、115200 B/s、128000 B/s

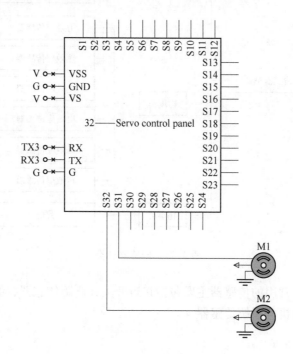

图 3-42 舵机控制板与舵机的接线图

舵机控制板右侧橙色框内的电源 VSS 和 VS 分别为芯片电源和舵机电源，它们允许的电压范围是 6.5~12 V，故选择用 7.4 V 锂电池供电，并将 VS 和 VSS 端口连接到一起，经过测试，并不会产生断流、断电现象。

舵机控制板的通信串口将与 Arduino 的 Serial3 串口相连，用于数据的传输，舵机控制板上的 RXD 和 TXD 引脚分别接 Arduino 上的 TX3 和 RX3 引脚，并且需要共地，即信号线反接共地。

3.3.4 传感器

传感器能感受到被测量的信息，并能将感受到的信息按一定规律变换成为电信号或其他所需形式的信息输出，以满足信息的传输、处理、存储、显示、记录和控制等要求。

PDF 文档 3.3.4

根据检测的对象，传感器可分为生物类、物理类和化学类三大类，如图 3-43 所示。生物类是基于酶、抗体、激素等分子识别功能原理；物理类是基于力、热、光、电、磁和声等物理效应原理；化学类是基于化学反应的原理。

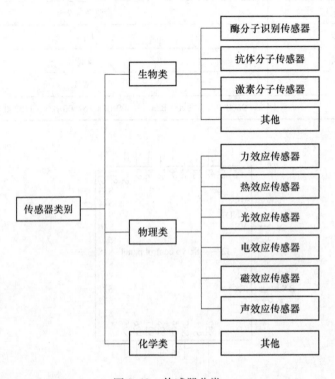

图 3-43　传感器分类

工程搬运小车上常用的传感器主要包括接近开关、测距传感器、编码器、条形码识别器、灰度传感器和微机电系统传感器等。

3.3.4.1　接近开关

接近开关是一种无须与运动部件进行机械直接接触而可以操作的位置开关，当物体接近开关的感应面到动作距离时，不需要机械接触及施加任何压力即可使开关动作。按照工作原理的不同，接近开关分为电感式、电容式、磁感式和光电式等。

（1）电感式接近开关。电感式接近开关的感应头是一个具有铁氧体磁芯的电感线圈，只能检测金属体。振荡器在感应头表面产生一个交变磁场，当金属物体接近感应头时，会接近开关内部动作，从而达到"开"和"关"的控制。电感式接近开关如图 3-44 所示。

（2）电容式接近开关。电容式接近开关的感应头是一个圆形或者方形平板电极，与振荡电路的地线形成一个分布电容，当有导体或其他介质接近感应头时，电容量增大而使振荡器停止振荡，经过整形放大器输出电信号。电容式接近开关用于检查金属、非金属和液体，如图 3-45 所示。

（3）磁感式接近开关。磁感式接近开关主要是指霍尔接近开关，其工作原理是霍尔效应，当磁性物体接近霍尔开关时，霍尔接近开关的状态从"开"变为"关"，如图 3-46 所示。

图 3-44　电感式接近开关

图 3-45　电容式接近开关

图 3-46　磁感式接近开关

（4）光电式接近开关。光电式接近开关利用光电效应制成。光电式传感器是根据投光器发出的光，在检测体上发生光亮增或减，用光电变换元件组成的受光器检测物体的有无、大小的非接触式的控制器件。光电式传感器按照输出信号分为模拟式、数字式和开关量输出式，其中输出形式为开关量的传感器和光电式接近开关。开关量的传感器由光发射器和光接收器组成，以开关量形式输出。光电式开关分为对射式、反射式和漫射式，如图 3-47 所示。

图 3-47　光电式接近开关

3.3.4.2　测距传感器

根据其测距方式不同，测距传感器主要包括超声波测距传感器、红外测距传感器和激光测距传感器等。

A　超声波测距传感器

超声波测距的原理是利用超声波在空气中的传播速度为已知，测量声波在发射后遇到障碍物反射回来的时间，根据发射和接收的时间差计算出发射点到障碍物的实际距离，如图 3-48 所示。

图 3-48 超声波测距传感器

超声波测距传感器在使用过程中需要注意以下几点：（1）超声波发射瞬间需屏蔽接收端的信号，因为这个信号并不是被测物体的反射信号，而是发射端发射的信号；（2）当被测物体距离过小，会由于发射信号与反射信号间隔时间过短导致难以检测；（3）声波在空气中的传播速度受环境温度影响，因此当需要提高检测精度时需要根据环境温度调整计算公式中的声速。

B 红外测距传感器

红外测距传感器基于三角测量原理，红外发射器按照一定的角度发射红外光束，当遇到物体以后，光束会反射回来，检测原理如图 3-49 所示。反射回来的红外光线被 CCD 检测器检测到以后，会获得一个偏移值 L，利用三角关系，已知发射角度 α、偏移值 L、中心距 X 以及滤镜的焦距 f 后，可以通过几何关系计算出传感器到物体的距离 D。

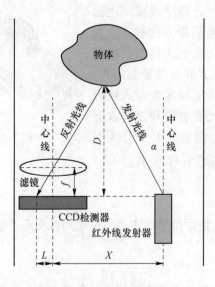

图 3-49 红外测距原理

当距离 D 足够小时，L 值会非常大，从而超过 CCD 检测器的探测范围，这时虽然物体很近，但是传感器反而检测不到。当距离 D 很大时，L 值就会很小，这时 CCD 检测器的分辨率决定能否获得足够精确的 L，因此被测物体离 CCD 检测器越远，要求 CCD 的分辨率就越高。红外测距传感器实物如图 3-50 所示。

图 3-50 红外测距传感器

C 激光测距传感器

根据其测量原理不同，激光测距传感器分为相位法激光测距传感器与脉冲法激光测距传感器，实物如图 3-51 所示。其中脉冲法激光测距传感器的测距原理与超声波测距传感器的原理类似，只不过脉冲法激光测距传感器的测距载体是激光，通过发送与反射光信号的时间差得出被测物体距离。由于光速非常快，因此脉冲法激光测距传感器测得的距离精度不高，一般为厘米级，但是测量的距离可以很大。

图 3-51 激光测距传感器

而相位法激光测距传感器技术，是采用无线电波段频率的激光进行幅度调制，并测定正弦调制光往返测距仪与目标物间距离所产生的相位差，根据调制光的波长和频率，换算出激光飞行时间，再依次计算出待测距离。但是由于相位法只能检测到相位差中不足半波长的部分，而相位差一旦相差半波长以上，相位法并不能检测出具体相差几个半波长，这就导致相位法激光测距传感器最大检测距离只有百米左右，但是其检测精度极高，可达到毫米级。

3.3.4.3　编码器

编码器是一种能把直线位移和角位移转换成电信号并输出的传感器，用于测量并反馈被测物体的位置和状态。如果将编码器应用于电机上不但可以检测电机转动角度，而且可以结合时间计算出电机的转速。根据工作原理的不同，常见的编码器可分为光电编码器、磁性编码器等。

（1）光电编码器。光电编码器主要由光源、光电探测器和光栅盘三部分构成，其中三相增量式旋转编码可以同时输出3个信号，分别为A相、B相与Z相。A相与B相信号为正交编码信号，而Z相为零位感应信号，通过检测信号获得转轴的转动角度与转动速度。光电编码器具体原理如图3-52所示，实物如图3-53所示。

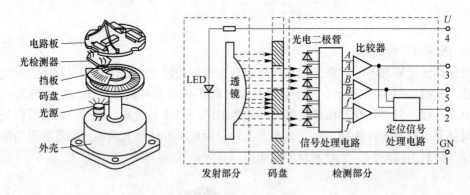

图 3-52　光电编码器具体原理

图 3-53　光电编码器

（2）磁性编码器。磁性编码器与光电编码器的原理类似，但是磁性编码器没有光源，光电探测器变为了霍尔元件，光栅盘变为了多极磁化的磁盘，如图 3-54 所示。

图 3-54　磁性编码器

3.3.4.4　微机电系统传感器

微机电系统是微米大小的机械系统，往往以芯片的形式出现。工程搬运小车常用的微机电系统传感器主要包括加速度计、陀螺仪和磁力计等。

加速度计可用来感测加速度与倾斜角度，但是要注意加速度计测量倾斜角度需借助重力加速度的检测来计算获得。陀螺仪是追踪物体移动方位与旋转动作的运动传感器，可以感测一轴或多轴的旋转角速度，还可以精准感测自由空间中的复杂移动动作。磁力计也叫电子指南针或电子罗盘，其可以通过地球的磁场来感测方向。

常见的芯片会将加速度计、陀螺仪、磁力计集成到一片芯片上，如芯片 MPU6050 集成了 3 轴加速度计和 3 轴陀螺仪，如图 3-55 所示。芯片 MPU9250 集成了 3 轴加速度计、3 轴陀螺仪和 3 轴磁力计。

图 3-55　芯片 MPU6050

3.3.4.5　条形码识别器

Barcode QR 扫描识别器，对抓取物进行标注二维码，用条形码传感器扫描识别，为下一步做准备，它优点在于对抓取物的二维码识别是准确的，缺点是对抓取物的二维码需要提前录入。

　　搬运小车可采用 Barcode QR 扫描识别器作为检测抓取物的元器件，实物如图 3-56 所示。Barcode QR 扫描识别器运用图像智能识别算法可以准确地识别出一维码、二维码、条形码。该扫描识别器有体积小巧、重量轻盈的特点。扫描模块发射光源来扫描条码，通过条码的黑白条空所反射的光之间的差别来识别条码，当扫描一组条码的时候，光源照射到条码上后反射光穿过透镜集聚到接收装置上，由接收装置把光信号变换成模拟数字信号反馈到主控制板。在整个采集光源到解码分析转变输入信号的过程当中，如果条码无法正确地识别到，光源就会被点亮，这是扫描模块在持续解码的信号，如果解码成功，光源就自动熄灭，扫描基本原理如图 3-57 所示。

图 3-56　Barcode QR

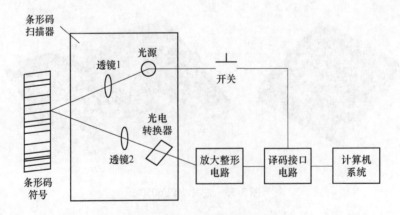

图 3-57　条形码扫描原理

　　通过光源发射器发出一个放射光，当放射光接触到条码时，在"空"部分，光线被反射，"条"的部分，光线将被吸收，因此在扫描识别器内部产生一个变化的电压，这个电压通过放大、整形后用于译码。在提前给抓取物定好条形码的前提下译码极其迅速，将译码电信号传回控制板，即可达到物件识别的目的，扫描识别器电气原理如图3-58所示。

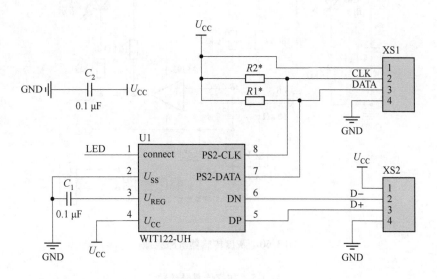

图 3-58　识别电气原理图

3.3.4.6　灰度传感器

灰度传感器采用高灵敏度一体式光敏管，能对颜色变化不明显的灰度值进行识别。使用镀金排针和高温 XH 接口端子，能够在高温和潮湿等恶劣环境下正常工作，2 mm 的遮光罩孔方便后期安装遮光罩，同时使用白光作为补光源，能够使芯片更稳定地采取数据。单灰度传感器如图 3-59 所示。

图 3-59　单灰度传感器

根据灰度传感器发射光落在地面的参照物上，二极管接收到的反射光线强度与落在其他区域内的反射光强度不同，由此返回不同的电平，根据返回的信号来判断小车有没有偏离规定的路线。将两个单路灰度传感器安装在车体的右侧底盘上，两个传感器间隔一段距离，用于在上下货时检测小车是否到达需要制动的位置，根据参照物判断车体是否精准制动。电路原理如图 3-60 所示，具体参数见表 3-5。

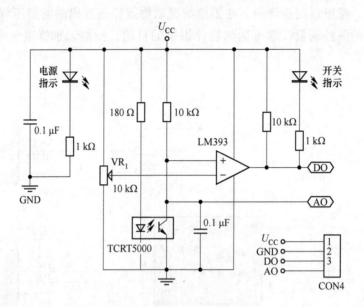

图 3-60   灰度传感器电路原理

表 3-5   灰度传感器参数

型号	灰度传感器	型号	灰度传感器
检测距离	15~100 mm	输出形式	0 和 1
工作电流	8~12 mA	接口	XH2.54
工作电压	3.3~5.5 V		

复习思考题

3-1　常用的 Arduino 控制器主要有哪些?

3-2　简述电机按结构及原理主要分为哪些类型。

3-3　简述舵机的结构及控制原理。

3-4　工程搬运小车常用的传感器主要有哪几类?

4 工程搬运小车的机械结构设计

❖ **课程思政**

玉兔号月球车是我国第一辆地外天体漫游车，整车呈长方形盒状，长 1.5 m，宽 1 m，高 1.1 m，重 136 kg，有 6 个轮子，采用被动悬架设计，两片可以折叠的太阳能电池板，一个地月通信天线，桅杆上部配置有导航相机与全景相机，车头还配置有避障相机以及一个机械臂，该机械臂也是我国目前唯一成功部署的星球车机械臂。工程搬运小车与玉兔号月球车的结构类似，机械结构设计主要包括底盘和机械臂两部分内容。

本章主要介绍了工程搬运小车的机械结构设计，包括底盘与机械臂的分类，并分析底盘与机械臂的设计原理。介绍底盘机构设计时，以两轮差速底盘、三轮全向轮底盘、四轮全向轮底盘、四轮麦克纳姆轮底盘和履带轮底盘为例，详细分析了其运动模型；介绍机械臂机构设计时，以桁架式机械臂、舵机串联式机械臂、平行四连杆机械臂为例，详细分析了其控制模型。最后介绍了近年来参加工程训练比赛设计的连杆搬运小车、多级舵机串联式小车、全地形小车和麦克纳姆轮小车。

4.1 工程搬运小车的基本结构

4.1.1 底盘

PDF 文档 4.1.1

工程搬运小车的底盘种类较多，大致可以分为轮式、履带式与仿生式三大类，而这三大类又可分为多种类型，具体如图 4-1 所示。

目前仿生式底盘也逐渐为大家所关注，但它模型复杂，控制难度较大，近几年随着以波士顿动力为代表的新型机器人公司的崛起，如图 4-2 所示。在 2019 届 Robotcon 大赛中仿生底盘得以推广，四足机器人如图 4-3 所示。但由于目前仿生式运动底盘的商业与工业应用场景不明确，仿生式底盘的推广使用还需要很长一段时间。

轮式与履带式底盘应用较广，虽然从结构上来看底盘的类型较多，但是从其运动模型来说多种底盘结构的运动模型是类似的，例如固定轮式与履带式中的双轮结构、双侧多轮结构、双履带结构、双侧多履带结构都是类似的运动模型。四轮全向轮与四轮麦克纳姆轮也是类似的运动模型。履带与轮式底盘结构的一些模型如图 4-4 ~ 图 4-7 所示。

通过不同的底盘可以实现搬运小车在室内或室外不同需求的移动要求，通过准确的程序编写，可以使得搬运小车到达所需的指定位置，实现搬运小车工作时的位置需求。

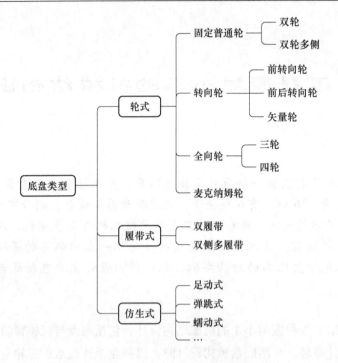

图 4-1　工程搬运小车的底盘分类

图 4-2　波士顿机械狗

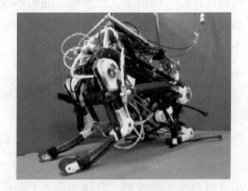

图 4-3　四足机器人

图 4-4　双侧多轮履带底盘

图 4-5　简单履带底盘

图4-6 四轮全向轮结构　　　　　　　　图4-7 四轮麦克纳姆轮结构

4.1.2 机械臂

PDF 文档 4.1.2

工程搬运小车的机械臂由一系列刚性构件通过关节联结起来，机械臂的特征在于拥有保证可移动性的臂，提供灵活性的腕和保证工程搬运小车完成所需任务的执行。

机械臂要合理地沿机械结构配置自由度，以保证系统能够有足够的自由度来完成指定的任务。通常在三维空间里一项任意定位和定向的任务中需要 6 个自由度，其中 3 个自由度用于实现对目标点的定位，另外 3 个自由度用于实现在参考坐标系中对目标点的定向。如果系统可用的自由度超过任务中变量的个数，则从运动学角度而言，机械爪是冗余的。

工作空间是机械臂末端执行器在工作环境中能够到达的区域。其形状和容积取决于机械臂的结构以及机械关节的限制。机械臂的任务是满足腕的定位需求，进而由腕满足末端执行器的定向需求。一般机械臂有 3 个自由度，即机械臂的伸缩、左右回转和升降运动。机械臂回转和升降运动是通过机座的立柱实现的，立柱的横向移动即为机械臂的横移。机械臂的各种运动通常由驱动机构和各种传动机构来实现。

一般情况下，机械臂可以分为直角坐标式、圆柱坐标式、极坐标式和多关节式等形式。其中直角坐标式机械臂的运动由 3 个相互垂直的直线移动组成，其工作空间图形为长方体，它在各个轴向的移动距离可在各坐标轴上直接读出，直观性强，易于位置和姿态的编程计算，定位精度高、结构简单，但机体所占空间体积大、灵活性较差，直角坐标式机械臂的结构模型如图 4-8 所示。因末端操作工具的不同，直角坐标式机械臂可以非常方便地用作各种自动化设备，完成如焊接、搬运、上下料、包装、码垛、拆垛、检测、探伤、

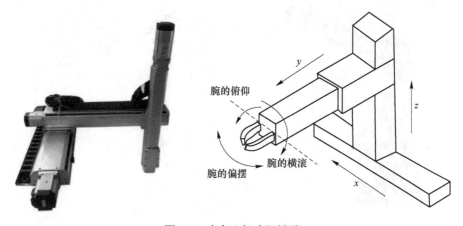

图4-8 直角坐标式机械臂

分类、装配、贴标、喷码、打码、喷涂、目标跟随、排爆等一系列工作。尤其适用于多品种、大批量的柔性化作业，对于稳定、提高产品质量、提高劳动生产率、改善劳动条件和产品的快速更新换代有着十分重要的作用。

圆柱坐标式机械臂是通过一个转动、两个移动共三个自由度组成的运动系统，工作空间图形为圆柱形。它与直角坐标型机械臂比较，在相同的工作空间条件下，机体所占空间体积小，而运动范围大，圆柱坐标式机械臂的模型如图 4-9 所示。

极坐标式机械臂又称球坐标式机械臂。它由两个转动和一个直线移动组成，即一个回转、一个俯仰和一个伸缩运动组成，其工作空间图形为一球体，它可以做上下俯仰动作并能够抓取地面上或较低位置的工件，具有结构紧凑、工作空间范围大的特点。极坐标型机械臂的模型如图 4-10 所示。

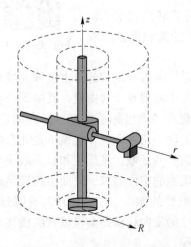

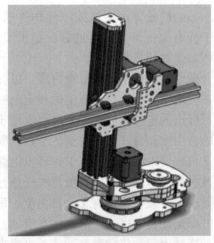

视频 4.1.2.1

图 4-9　圆柱坐标式机械臂　　　　　　图 4-10　极坐标式机械臂

关节式机械臂的手臂与人体上肢类似，其前三个关节都是回转关节。这种机器人一般由立柱和大小臂构成，立柱与大臂形成肩关节，大臂与小臂间形成肘关节，可使大臂做回转运动并使大臂做俯仰摆动，小臂做俯仰摆动。关节式机械臂特点是工作空间范围大，动作灵活，通用性强，能抓取靠近机座的物体，关节式机械臂的结构模型如图 4-11 所示。

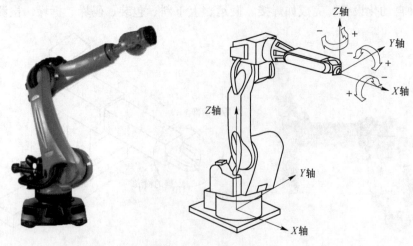

图 4-11　关节式机械臂

平面关节坐标式机械臂采用2个回转关节和1个移动关节。2个回转关节控制前后、左右运动，而移动关节则实现上下运动。其工作空间的轨迹图形为两个矩形的回转体，它的纵截面为一个矩形，纵截面高为移动关节的行程长，两回转关节转角的大小决定回转体横截面的大小、形状，这种形式又称为SCARA机械臂。SCARA机械臂及结构模型如图4-12所示。

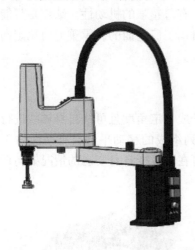
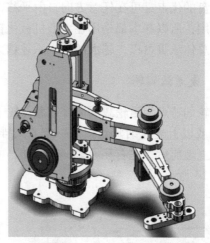

视频 4.1.2.2

图 4-12　SCARA 机械臂

4.2　搬运小车的底盘设计

4.2.1　底盘机构设计原理

PDF 文档 4.2.1

工程搬运小车的底盘结构包括普通橡胶轮结构、全向轮结构、麦克纳姆轮结构和履带轮结构等，其中普通橡胶轮结构简单，不再赘述，下面重点介绍一下另外三种结构。

4.2.1.1　全向轮

全向轮与普通轮最大的不同是一个安装好的全向轮除了可以受控转动，还可以沿轴向自由移动。全向轮可以实现全方位移动，如图4-13所示。

图 4-13　全向轮

原理：全向轮底盘有 3 轮全向轮或者 4 轮全向轮，在行走的过程中，轮子上的辊子相互配合，连续性触地，轮子从而实现前进和后退。除此之外，辊子在接触地面的时候，横向的自由度没有被约束，若横向受到一个力的作用，则会使得搭配好的底盘能够在不转弯的情况下，实现运动平面上的任意方向移动。

全向轮底盘的优点是可在任意方向自由平移，有着超强的机动性。缺点是只能在干净平整的地点使用，所以基本都是用在大型机械化自动工厂里面的，承重能力比定向脚轮承重稍差，不过总体承重可以，越大的轮子承重越大。

4.2.1.2　麦克纳姆轮

麦克纳姆轮的特点为沿轮毂圆周排布着与轮子成一定角度且可绕自身轴线进行旋转的辊子。由 3 个或以上麦克纳姆轮按照一定方式排列组成的移动平台具有平面内 3 个自由度，可同时独立地前后、左右和原地旋转运动，可在不改变自身姿态的情况下向任意方向移动，如图 4-14 所示。

图 4-14　麦克纳姆轮

麦克纳姆轮由轮毂和围绕轮毂的辊子组成，麦克纳姆轮辊子轴线和轮毂轴线夹角成45°。在轮毂的轮缘上斜向分布着许多小轮子，即辊子，故轮子可以横向滑移。辊子是一种没有动力的小滚子，小滚子的母线很特殊，当轮子绕着固定的轮心轴转动时，各个小滚子的包络线为圆柱面，所以该轮能够连续地向前滚动。由 4 个这种轮子进行组合，可以使机构实现全方位移动功能。

麦克纳姆轮小车可以实现前行、横移、斜行、旋转及其组合等运动方式，非常适合转运空间有限、作业通道狭窄的环境。由于麦克纳姆轮受力和行走方向不平行，必然导致垂直方向受力，轮子和地面产生相对滑移，对轮子表面磨损严重。麦克纳姆轮结构复杂，导致无法承载过重的负荷，且使用过程中会出现比普通轮胎更易磨损的情况。

4.2.1.3　履带轮

履带轮是由主动轮驱动，围绕着主动轮、负重轮、诱导轮和托带轮的柔性链环。履带轮由履带板和履带销等组成。履带销将履带板连接起来构成履带链环。履带板的两端有孔，与主动轮啮合，中部有诱导齿，用来规正履带，并防止机器人转向或侧倾行驶时履带脱落，在与地面接触的一面有加强防滑筋，以提高履带板的坚固性和履带与地面的附着力，如图 4-15 所示。

当电机的动力传到主动轮上时，主动轮
按顺时针方向拨动履带，于是接地履带和地
面之间产生了相互作用力。根据力的作用与
反作用原理，履带沿水平方向给地面一个作
用力，而地面给履带一个反作用力，这个反
作用力使机器人运动。

图 4-15　履带轮

在传动性能满足要求的情况下，采用同
步履带传动能减少整机质量，提高整机机动
性能。同步履带支撑面上有履齿，不易打滑，牵引附着性能好，有利于产生较大的牵引
力。由于履带支撑面积大，接地比压小，适合于松软或泥泞场地作业，下陷度小，滚动阻
力小，通过性能较好，而且不怕扎、割等机械损伤，越野机动性好，爬坡、越沟等性能均
优于轮式移动机构。

但履带轮与接触面的摩擦力较大，具有转向比较困难、运行速度相对较低、效率低和
运动噪声较大的缺点。履带式工程搬运小车的履带通常使用高耐磨橡胶，但是由于摩擦力
的原因，其磨损程度会比同时使用的轮子更严重，所以更换会比较频繁，而且这种履带模
式的驱动系统一旦损坏，维修难度虽不像腿足式的那么麻烦，但是履带系统的更换相比于
轮胎的更换要复杂得多。

4.2.2　底盘运动机构设计

4.2.2.1　两轮差速底盘运动模型

两轮差速底盘由两个位于底盘左右两侧的动力轮组成，两轮控制速度，通过给定不同
速度来实现转向控制，一般会添加 1～2 个辅助支撑轮，如图 4-16 所示。

图 4-16　两轮差速底盘

普通橡胶轮小车是通过左右两侧电机的速度差实现转弯的，橡胶轮小车模型是基于两
轮小车的，其底部两个同构驱动轮的转动为其提供动力，但是四轮橡胶轮小车与履带小车
也可近似这一运动模型。

A　运动模型正解

两轮差速驱动示意图如图 4-17 所示。

两个驱动轮的中心点分别为 L 与 R，从而假定两个轮子的线速度分别为 v_L 与 v_R。通过驱动电机的转速 ϕ_L 与 ϕ_R 以及驱动轮的半径 r 可以求得 v_L 与 v_R，即

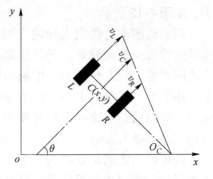

$$v_L = \phi_L r \tag{4-1}$$

$$v_R = \phi_R r \tag{4-2}$$

令两个驱动轮的中心点为 C，C 点在大地坐标系 xoy 下的坐标为 (x, y)，小车的瞬时线速度为 v_C，姿态角 θ 即为 v_C 与 x 轴的夹角。v_C、v_R 与 v_L 的关系如下：

图 4-17　两轮差速驱动模型

$$v_C = \frac{v_R + v_L}{2} \tag{4-3}$$

式（4-1）可以通过详细的数学推导获取，但是为了方便理解，我们假定左右轮分别以 v_L、v_R 向前运动 Δt。当 Δt 极小，前进距离非常有限，可近似认为左右轮都是以直线前进。此时左轮前进距离用线段 S_L 表述，右轮前进距离用线段 S_R 表述，中心点前进距离用线段 S_C 表述，它们之间的关系可用一个梯形来表述，具体如图 4-18 所示。

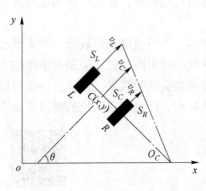

图 4-18　S_L、S_R 与 S_C 的关系

从图中可以发现，S_C 为梯形的中位线，根据梯形中位线定理可知：

$$S_C = \frac{S_R + S_L}{2} \tag{4-4}$$

由于 $S_C = v_C \Delta t$，$S_L = v_L \Delta t$，$S_R = v_R \Delta t$，将其代入式（4-4）即可获得式（4-3）。

测量获取左右轮间距为 a，且小车瞬时旋转中心为 O_C。小车在做同轴圆周运动时，左右轮中心 L 点 R 点及 C 点所处位置在该圆周运动中的角速度相同，即 $\omega_L = \omega_C = \omega_R$，到旋转中心的半径不同，$L$ 点旋转半径为 d_L，R 点旋转半径为 d_R，C 点旋转半径为 d，具体如图 4-19 所示。

说明：此处万不可混淆小车轮子的转速与小车绕旋转中心 O_C 做圆周运动的转速。举例说明，左胶轮的 ϕ_L 与 ω_L 是完全不同的量，ϕ_L 是左胶轮电机的转速，ω_L 是 L 点绕旋转中心 O_C 做圆周运动的转速。

由于 $d_L - d_R = a$，而 $v_L = \omega_L d_L$，$v_R = \omega_R d_R$，因此 $\dfrac{v_L}{\omega_L} - \dfrac{v_R}{\omega_R} = a$，由于 $\omega_L = \omega_C = \omega_R$，因此最终得到小车的旋转速度为：

$$\omega_C = \frac{v_L - v_R}{a} \tag{4-5}$$

最后由式（4-3）与式（4-5）即可获得小车的选装直径为：

$$d = \frac{v_C}{\omega_C} = \frac{a(v_L + v_R)}{2(v_L - v_R)} \tag{4-6}$$

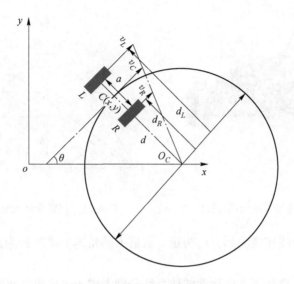

图 4-19　小车旋转半径

由于能直接控制的是电机的转速而不是线速度，因此可将电机转速 ϕ 与胶轮半径 r 代入式 (4-3)、式 (4-5)、式 (4-6) 中，最终为：

$$v_c = \frac{r}{2}(\phi_L + \phi_R) \tag{4-7}$$

$$\omega_c = \frac{r}{a}(\phi_L - \phi_R) \tag{4-8}$$

$$d = \frac{a\,(\phi_L + \phi_R)}{2\,(\phi_L - \phi_R)} \tag{4-9}$$

由于式 (4-5) 与式 (4-6)，式 (4-8) 与式 (4-9) 并非独立公式，在运动分析过程中关注的是式 (4-7) 小车前进速度与式 (4-8) 前进角度的变化。

B　运动模型逆解

如果需要控制小车前进的速度与其转弯的速度，其中转弯速度是单位时间内航向角的变化量，则可逆解出左右轮的转速。由于 r 与 a 分别为小车的轮径与轮距，这在小车搭建完毕后都是常数，因此当 v_c 与 ω_c 确定后，根据式 (4-7) 与式 (4-8) 便可以推导出：

$$\phi_L = \frac{2v_c + a\omega_c}{2r} \tag{4-10}$$

$$\phi_L = \frac{2v_c - a\omega_c}{2r} \tag{4-11}$$

4.2.2.2　三轮全向轮底盘模型

三轮全向轮小车底盘如图 4-20 所示，三轮全向轮驱动示意图如图 4-21 所示。

设计时，要考虑机器人在机器人坐标 xoy 下的速度和各轮子线速度的关系，再由绝对坐标和机器人坐标的旋转变换关系得到机器人的绝对速度和各电机转速的关系。如图 4-21 所示，三个车轮 A、B、C 与底盘中心的连线各成 120°分布，且转轴与连线共线。

图 4-20 三轮全向轮小车底盘

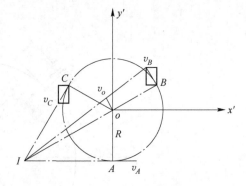

图 4-21 三轮全向轮驱动示意图

此时规定各车轮线速度图示方向为正,机器人的角速度逆时针为正,当电机不转动时是刚性的。

首先,在机器人坐标下,由运动的独立性分别考虑 3 个电机对机器人速度的影响,再进行叠加。以 B 轮为例:当只有 B 转动时,A、C 轮只能沿轴向移动,可以作出速度瞬心 I。则 v_B 对机器人的速度贡献为: $v_{Bx'} = -\dfrac{2}{3}v_B\cos 60°$, $v_{By'} = -\dfrac{2}{3}v_B\sin 60°$, $\omega_{o'} = \dfrac{v_B}{3R}$。同理计算 A、C 的分量,叠加后有:

$$\begin{bmatrix} v_{x'} \\ v_{y'} \\ \omega' \end{bmatrix} = \begin{bmatrix} \dfrac{2}{3} & -\dfrac{1}{3} & -\dfrac{1}{3} \\ 0 & \dfrac{1}{\sqrt{3}} & -\dfrac{1}{\sqrt{3}} \\ \dfrac{1}{3R} & \dfrac{1}{3R} & \dfrac{1}{3R} \end{bmatrix} \begin{bmatrix} v_A \\ v_B \\ v_C \end{bmatrix} \tag{4-12}$$

绝对坐标和小车坐标的关系:

$$\begin{bmatrix} v_{x'} \\ v_{y'} \\ \omega' \end{bmatrix} = \begin{bmatrix} \dfrac{2}{3} & -\dfrac{1}{3} & -\dfrac{1}{3} \\ 0 & \dfrac{1}{\sqrt{3}} & -\dfrac{1}{\sqrt{3}} \\ \dfrac{1}{3R} & \dfrac{1}{3R} & \dfrac{1}{3R} \end{bmatrix} \begin{bmatrix} v_A \\ v_B \\ v_C \end{bmatrix} \tag{4-13}$$

然后计算得:

$$v_A = v_x\cos\theta + v_y\sin\theta + R_\omega \tag{4-14}$$

$$v_B = \left(-\dfrac{1}{2}v_x + \dfrac{\sqrt{3}}{2}v_y\right)\cos\theta - \left(\dfrac{\sqrt{3}}{2}v_x + \dfrac{1}{2}v_y\right) + R_\omega \tag{4-15}$$

$$v_C = -\left(\dfrac{1}{2}v_x + \dfrac{\sqrt{3}}{2}v_y\right)\cos\theta + \left(\dfrac{\sqrt{3}}{2}v_x - \dfrac{1}{2}v_y\right) + R_\omega \tag{4-16}$$

对公式从 $0 \sim t$ 积分可以得到坐标的反解,但会发现 $v_x\cos\theta$ 这样的项难以积分。

从公式观察看,ω 的存在导致轮子的运动不是线性的,即当小车在绝对坐标系下的三个自由度上都是匀速运动的时候,三个轮子却不是匀速的。因此把小车的运动分为两部分：一部分是 XY 方向的联动，另一部分是自转。对于三个自由度的联动，可以将两部分的运动进行分片，交替进行。XY 联动：此时 $w = 0$，且 θ 保持不变，视为常数，对上述公式积分：

$$\int_0^t v_A \mathrm{d}t = s_A = x\cos\theta + y\sin\theta \tag{4-17}$$

$$\int_0^t v_B \mathrm{d}t = s_B = \left(-\frac{1}{2}v_x + \frac{\sqrt{3}}{2}v_y\right)\cos\theta - \left(\frac{\sqrt{3}}{2}v_x + \frac{1}{2}v_y\right)\sin\theta \tag{4-18}$$

$$\int_0^t v_C \mathrm{d}t = s_C = -\left(\frac{1}{2}v_x + \frac{\sqrt{3}}{2}v_y\right)\cos\theta + \left(\frac{\sqrt{3}}{2}v_x - \frac{1}{2}v_y\right)\sin\theta \tag{4-19}$$

自转时 $v_x = v_y = 0$，有 $s_A = s_B = s_C = R\theta$ $\hspace{3cm}$ (4-20)

4.2.2.3　四轮全向轮底盘运动模型

A　全向轮的安装

四轮全向轮的底盘主要分为两种结构，主要有两种安装方式。

第一种安装方式类似图 4-22 中麦克纳姆轮的安装方式，底盘两条对角线的顶点呈 45° 分布。这样使得小车在行驶的过程中，每个轮子所受的力来自两个方向，从而使得受力和算法与麦克纳姆轮原理近似相同。但是这种安装方式和麦克纳姆轮都有一个缺点，就是在前进时，由于分力的抵销，功率会有所下降，这样使得较正常速度会慢一些。全向轮的另一种安装方式为 4 个轮子垂直分布，且轮子表面平行于底盘的每条边，安装方式如图 4-23 所示。这种安装方法可以有效提高小车底盘的效率，并且相对于其他的安装方式，此种运动算法较简单。

图 4-22　麦克纳姆轮安装　　　　　　　　图 4-23　全向轮垂直安装

B　运动学分析

四轮全向轮驱动小车运动学分析，如图 4-24 所示。设计时要考虑机器人在机器人坐标系 $x'oy'$ 下的速度和各轮子线速度的关系，然后再通过叠加原理计算每个轮子的速度。

在只有 x 轴方向的力的时候，A 轮和 C 轮不动，B 轮和 D 轮运动，从而形成一个沿 x 轴方向上的运动。在只有 y 轴方向的力的时候，A 轮和 C 轮运动，B 轮和 D 轮不动，从而形成一个沿 y 轴方向上的运动。x 轴与 y 轴同时受力时，遵循叠加原理。定义每个轮的速度矢量如图 4-24 中标号所示，则运动方程有：

当 $v_x = v_1$，$v_y = v_2$（规定向上、向右为正，v_1、v_2 大于 0）时，

$$\begin{cases} v_A = v_2 \\ v_B = -v_1 \\ v_C = -v_2 \\ v_D = v_1 \end{cases}$$
(4-21)

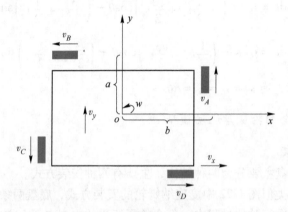

图 4-24　全向轮小车运动学分析

在小车只有角速度的时候，只需要每个轮子沿着正或负的方向有一个线速度，就能使小车转动，小车的每个轮在此时的线速度具体计算公式如下。

当有角速度 w 时，且令 w 逆时针为正，有：

$$\begin{cases} v_A = bw \\ v_B = aw \\ v_C = bw \\ v_D = aw \end{cases}$$
(4-22)

小车的每个轮的运动在相对坐标系中都是线性的，所以叠加可以得到最终小车的运动方程如下：

当 $v_x = v_1$，$v_y = v_2$（规定向上、向右为正，逆时针为正，v_1、v_2、w 大于 0），

$$\begin{cases} v_A = v_2 + bw \\ v_B = -v_1 + aw \\ v_C = -v_2 + bw \\ v_D = v_1 + aw \end{cases}$$
(4-23)

4.2.2.4　四轮麦克纳姆轮底盘运动模型

A　安装

麦克纳姆轮的安装方法：麦克纳姆轮一般是 4 个一组使用，2 个左旋轮，2 个右旋轮。左旋轮和右旋轮呈手性对称，如图 4-25 所示。

安装方式主要分为：X-正方形（X-square）、X-长方形（X-rectangle）、O-正方形（O-square）、O-长方形（O-rectangle），其中 X 和 O 表示的是与 4 个轮子地面接触的辊子

图 4-25　麦克纳姆左旋轮和右旋轮结构

所形成的图形；正方形与长方形指的是 4 个轮子与地面接触点所围成的形状，如图 4-26 所示。

　　X 正方形指轮子转动产生的力矩会经过同一个点，所以 *yaw* 轴［与 *x*、*y* 轴垂直，并通过 4 个轮子的几何中心（矩形的对角线交点）的轴线］无法主动旋转，也无法主动保持 *yaw* 轴的角度。一般不会使用这种安装方式。

　　X-长方形指轮子转动可以产生 *yaw* 轴转动力矩，但转动力矩的力臂一般会比较短。这种安装方式也不多见。

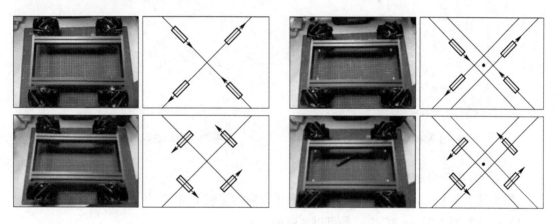

图 4-26　麦克纳姆轮的四种摆放

　　O-正方形指 4 个轮子位于正方形的 4 个顶点，平移和旋转都没有问题。受限于机器人底盘的形状、尺寸等因素，这种安装方法虽然理想，但可遇而不可求。

　　O-长方形指轮子转动可以产生 *yaw* 轴转动力矩，而且转动力矩的力臂也比较长，是最常见的安装方式。

　　B　底盘运动的分解

　　刚体在平面内的运动可以分解为 3 个独立分量：*x* 轴平动、*y* 轴平动、*yaw* 轴自转。如图 4-27 所示，底盘的运动也可以分解为 3 个量：

　　v_{t_x} 表示 *x* 轴运动的速度，即左右方向，定义向右为正；

　　v_{t_y} 表示 *y* 轴运动的速度，即前后方向，定义向前为正；

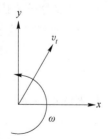

图 4-27　底盘速度分析图

ω 表示 yaw 轴自转的角速度，定义逆时针为正。

以上 3 个量一般都视为 4 个轮子的几何中心（矩形的对角线交点）的速度。

C　计算出轮子轴心位置的速度

轮子轴心位置的速度分析，如图 4-28 所示。其中 r 为从几何中心指向轮子轴心的矢量；v 为轮子轴心的运动速度矢量；v_r 为轮子轴心沿垂直于 r 的方向（即切线方向）的速度分量；那么可以计算出：

$$v_r = v_t + \omega r \tag{4-24}$$

分别计算出 x、y 轴的分量为：

$$\begin{cases} v_x = v_{t_x} - \omega r_y \\ v_y = v_{t_y} - \omega r_x \end{cases} \tag{4-25}$$

同理可以算出其他 3 个轮子轴心的速度，如图 4-29 所示。

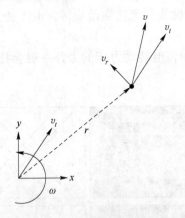 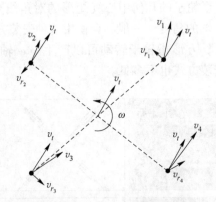

图 4-28　车轮相对轴心速度分析　　　　图 4-29　小车底盘与车轮分析

D　计算辊子的速度

根据轮子轴心的速度，可以分解出沿辊子方向的速度 $v_{//}$ 和垂直于辊子方向的速度 $v_\perp$（见图 4-30 和图 4-31），其中 $v_\perp$ 是可以忽略的，而：

$$v_{//} = v \cdot u = (v_x i + v_y j) \cdot \left(-\frac{1}{\sqrt{2}} i + \frac{1}{\sqrt{2}} j \right) = \left(-\frac{1}{\sqrt{2}} v_x + \frac{1}{\sqrt{2}} v_y \right) \tag{4-26}$$

式中，u 是沿辊子方向的单位矢量；i、j 分别是沿 x 轴、y 轴方向的单位矢量。

E　计算轮子的速度

从辊子速度到轮子转速的计算比较简单：

$$v_\omega = \frac{v_{//}}{\cos 45°} = \sqrt{2} \left(-\frac{1}{\sqrt{2}} v_x + \frac{1}{\sqrt{2}} v_y \right) = -v_x + v_y \tag{4-27}$$

根据图 4-31 所示，设 r 在 x 轴和 y 轴的分量分别为 a 和 b，有：

$$v_x = v_{t_x} + \omega b \tag{4-28}$$

$$v_y = v_{t_y} - \omega a \tag{4-29}$$

结合以上步骤，可以根据底盘运动状态解算出 4 个轮子的转速：

$$v_{\omega_1} = v_{t_y} - v_{t_x} + \omega(a+b) \tag{4-30}$$

$$v_{\omega_2} = v_{t_y} + v_{t_x} - \omega(a+b) \tag{4-31}$$

$$v_{\omega_3} = v_{t_y} - v_{t_x} - \omega(a+b) \tag{4-32}$$

$$v_{\omega_4} = v_{t_y} + v_{t_x} + \omega(a+b) \tag{4-33}$$

式（4-30）~式（4-33）就是 O-长方形麦克纳姆轮底盘的解算方程式。

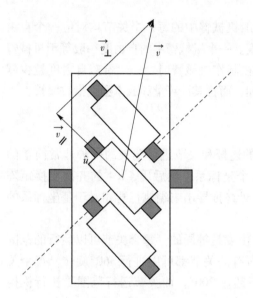

图 4-30　单轮速度分析

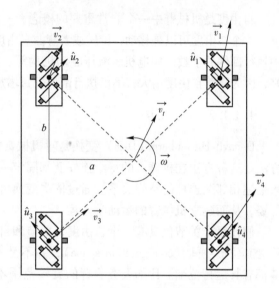

图 4-31　组合速度整体分析图

4.2.2.5　履带轮底盘运动模型

履带轮底盘如图 4-32 所示。履带轮的行走转向运动计算与两轮差速底盘的运动计算类似，此处不做赘述。履带行走装置在转向时，需要切断一边履带的动力并对该履带进行制动，使其静止不动，靠另一边履带的推动来进行转向，或者使两条履带同时一前一后运动，实现原地转向，但两种转向方式所需最大驱动力一样，图 4-33 是单条履带制动左转示意图。

图 4-32　履带轮底盘

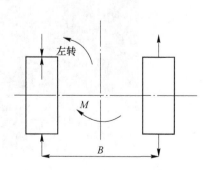

图 4-33　单条履带制动左转示意图

4.3　机械臂机构设计

4.3.1　机械臂机构设计原理

PDF 文档 4.3.1

机械臂是搬运小车中最为复杂的部分，本节重点介绍关于机械臂的一些基本知识。

4.3.1.1　自由度

自由度是机械臂中一个非常重要的概念，一般机械臂中的每一个关节均对应一个自由度，这个自由度可以是移动、旋转或者弯曲自由度。一个机械臂中的自由度一般等于机械臂中执行部件的个数，如电机、液压驱动机构等。在制作机械臂时，一般希望自由度越少越好，因为随着自由度增大，不仅执行部件数目增加，而且其计算量和成本会呈指数增长。

4.3.1.2　DH 变换

Denavit-Hartenberg（D-H）变换是对机械臂的连杆和关节进行建模的一种非常简单的方法。这种方法在机器人的每个连杆上都固定一个坐标系，然后用 4×4 的齐次变换矩阵来描述相邻两连杆的空间关系。通过依次变换可最终推导出末端执行器相对于基坐标系的位姿，从而建立机械臂的运动学方程。

假设每个关节仅具有一个自由度，关节和自由度是等同的。每个关节可以运行的范围称为其位形空间（configuration space），并不是所有的关节都可以进行 360°旋转，每个关节都有其运行范围。比如人类手臂的旋转范围不超过 200°，而关节运行范围受执行机构能力、伺服电机最大角度以及物体的阻碍等限制。

4.3.1.3　工作空间

机械臂的工作空间（可达空间）指的是机械臂末端可以达到的范围。其由每个关节的位形空间、连杆长度决定。由于机械臂的形态多种多样，所以，其工作空间也各有不同，图 4-34 是一个关节机械臂的结构。

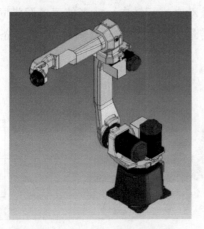

图 4-34　关节机械臂结构

关节式机械臂每个关节运行最大角度为180°。为了分析其工作空间，首先将与基座相连的连杆旋转180°，然后，将机械臂的基座旋转180°，通过改变连杆的长度，可以改变机械臂工作空间的尺寸，但形状维持不变。对于工作空间外的物体，机械臂无法触及。

4.3.2 典型机械臂机构分析

PDF 文档 4.3.2

本节介绍设计搬运小车中经常遇到的几个典型机械臂机构的模型分析，简述了机械臂的优缺点，方便选用。

在设计机械臂的时候应满足机械臂的基本设计要求，包括承载能力足、导向性能好、定位精度高、重量轻、转动惯量小，在设计时还要合理地设计与腕部和机身的连接部分。

4.3.2.1 桁架式机械臂分析

桁架式机械臂的运动模型如图4-35所示。图中，桁架式机械臂有3个自由度，能运动的关节主要包含：由舵机带动的整个机械臂的转动；由步进电机1带动的升降臂；由步进电机2带动的可伸缩臂；机械爪的上下抓取角度不可变。

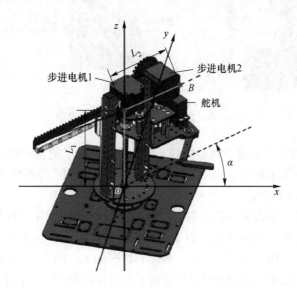

图4-35 桁架式机械臂运动模型

整个机械臂 oAB 以 o 点为圆心可绕 z 轴做转动，oA 为可升降臂1，AB 为可伸缩臂2，B 点为手爪位置。

假定 B 点需要到达坐标 (x_B, y_B, z_B)，而此种模型下 oA 的臂长为可变值 L_1，AB 的臂长为可变值 L_2，整个机械臂的转动角度为 α，因此非常容易获得：

$$L_1 = z_B \tag{4-34}$$

$$L_2 \cos\alpha = x_B \tag{4-35}$$

$$L_2 \sin\alpha = y_B \tag{4-36}$$

根据式（4-34）~式（4-36）轻易便可获取 L_1、L_2 与转动角度 α。桁架式机械臂是一种行走于桁架上的直角坐标系式机械臂，桁架式机械臂一般分为 x、y、z 三轴，加持转塔式手爪，从而实现装夹和收料。桁架式机械臂的优点：（1）不易振动摇晃，承载能力强；（2）安装和调整的要求低；（3）便于维护，性价比高。缺点：（1）运行同样的轨迹，所需要的时间相对较长；（2）通用性较差。

4.3.2.2　多级舵机串联式机械臂分析

多级串联式机械臂的运动模型如图 4-36 所示，这个机械臂有 4 个自由度，能运动的关节主要包含：由舵机 1 带动的整个机械臂；由舵机 2 带动的可弯曲小臂 L_1；由舵机 3 带动的可弯曲小臂 L_2；由舵机 4 带动的可弯曲小臂 L_3。由于有 4 个自由度，因此这种机械臂不但可以设定抓取的位置坐标，而且可以设置上下抓取的角度。

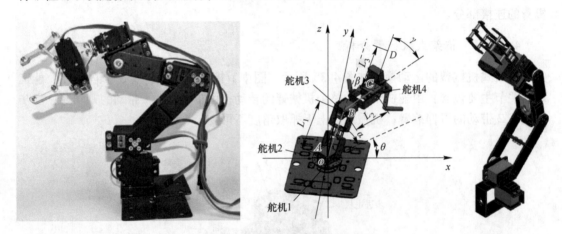

图 4-36　多级串联式机械臂运动模型

整个机械臂 $oABCD$ 以 o 点为圆心可绕 z 轴做转动，为了简化模型，直接将坐标中心原点 o 与手臂运动中心点 A 重合。因此 AB 为可弯曲小臂 1，BC 为可弯曲小臂 2，CD 为可弯曲小臂 3，D 点为手爪位置。

这种模型下后臂与平面 xoy 的夹角会随着前臂的转动而变化，例如小臂 3 与平面 xoy 的夹角会随着小臂 2 的转动而变化，但是后臂与前臂的夹角不会变化，而这一夹角也是可控制舵机直接实现的。因此设置（AB）小臂 1 与平面 xoy 的夹角为 α，（BC）小臂 2 与（AB 延长线）小臂 1 的夹角为 β，（CD）小臂 3 与（BC 延长线）小臂 2 的夹角为 γ，整个机械臂的转动角度为 θ。

假定 D 点需要到达坐标 (X_D, Y_D, Z_D) 手爪的抓取角度为 ϕ，ϕ 是指（CD）小臂 3 与平面 xoy 的夹角，而此种模型下 AB 的臂长为固定值 L_1，BC 的臂长为固定值为 L_2，CD 的臂长为固定值 L_3，因此可获得：

$$\alpha + \beta + \gamma = \phi \tag{4-37}$$

$$L_1\sin\alpha + L_2\sin(\alpha+\beta) + L_3\sin\phi = z_D \tag{4-38}$$

$$(L_1\sin\alpha + L_2\sin(\alpha+\beta) + L_3\cos\phi)\cos\theta = x_D \tag{4-39}$$

$$(\cos\alpha + L_2\cos(\alpha+\beta) + L_3\cos\phi)\sin\theta = y_D \tag{4-40}$$

其中式（4-38）为 $ABCD$ 在 z 轴上的投影，式（4-39）为 $ABCD$ 在 x 轴上的投影，式（4-40）为 $ABCD$ 在 y 轴上的投影。由于式（4-37）～式（4-40）为独立公式，因此这 4

个公式联立可求解 α、β、γ、θ 值，但是需要注意的是该联立方程获得的不是唯一解，因此需要根据机械机构本身的限制与运动策略的选择来决定最终解。

多级串联式机械臂使用旋转轴进行装载、卸载和后处理工作。它使用一直线轴重新定位，可以做出很灵活的动作。多级串联式机械臂的优点是有很高的自由度，适合几乎所有轨迹和角度的工作；可以自由编程，提高工作效率；理论上的控制精度高；出现错误后，能快速检查出错误，具有可控制的错误率。

多级串联式机械臂的缺点是控制算法复杂，控制起来较难；需要电机的个数相较其他类型的机械臂要多，价格要高。

4.3.2.3 平行四连杆式机械臂分析

连杆式机械臂的运动模型如图 4-37 所示，这个机械臂有 3 个自由度，能运动的关节主要包含：由舵机 1 带动的整个机械臂的转动；由舵机 2 带动的可弯曲大臂；由舵机 3 带动的可弯曲小臂。连杆式机械臂有两个特点，第一，由于平行四连杆机构的作用使手爪总能保持在水平状态，手爪上下抓取角度不可改变；第二，小臂与水平面的夹角并不会随着大臂与水平面夹角的变化而变化。

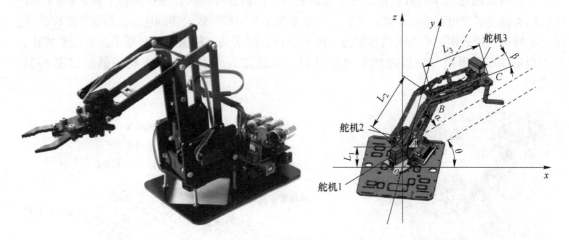

图 4-37 连杆式机械臂运动模型

整个机械臂 $oABC$ 以 o 点为圆心可绕 z 轴做转动，oA 的固定长度 L_1，为整个机械臂转动中心距离安装平面的高度（如果想进一步简化模型可将 A 点设置成坐标原点，这并不影响模型本身），AB 为臂长固定为 L_2 的大臂，BC 为臂长固定为 L_3 的小臂，C 点为手爪的位置。若 C 点需要到达坐标 (xC, yC, zC)，已知 AB 的臂长为固定值 L_2，BC 的臂长为固定值 L_3，整个机械臂的转动角度为 θ（水平方向转动），大臂 AB 的转动角度为 α（竖直方向转动），小臂 BC 的转动角度为 β，因此可获得：

$$L_1 + L_2\sin\alpha + L_3\sin\beta = z_C \tag{4-41}$$

$$(L_2\cos\alpha + L_3\cos\beta)\cos\theta = x_C \tag{4-42}$$

$$(L_2\cos\alpha + L_3\cos\beta)\sin\theta = y_C \tag{4-43}$$

其中式（4-41）为大臂 *AB* 与小臂 *BC* 在 *z* 轴上的投影，式（4-42）与式（4-43）为大臂 *AB* 与小臂 *BC* 在 *x* 轴与 *y* 轴上的投影。由于式（4-41）~式（4-43）为独立公式，因此这 3 个公式联立可求解 α、β、θ 值，但是需要注意的是该联立方程获得的不是唯一解，因此需要根据机械机构本身的限制与运动策略的选择来决定最终解。

平行四连杆式机械臂巧妙地利用了平行四边形机构运行原理，使该型机械臂相较多级串联式机械臂来说减少了一个舵机，但稳定性却没有减少。平行四连杆式机械臂的优点是整体重量轻，转动惯量小，便于控制；需要控制的电机相对较少，易于编程，成本低。缺点是难以实现任意的运动规律，设计复杂，易产生动载荷。

4.4　工程搬运小车创新设计案例

工程搬运小车的机械结构设计可以多种形式地叠加，下面分别介绍一下工程搬运小车的创新实践案例。

4.4.1　连杆式搬运小车

连杆式搬运小车的机械臂部分主要是利用双曲柄摇杆机构，根据机械臂的自由度多少可以进行分类，下面是两款参加工程创新实践大赛的连杆式搬运小车作品。　　PDF 文档 4.4.1

吸附连杆式搬运小车的机械臂能实现五个自由度运动，机械爪与气泵通过硅胶管相连，可以形成末端吸盘与物料之间的真空环境，以此完成抓取动作，实物和模型如图 4-38 所示。

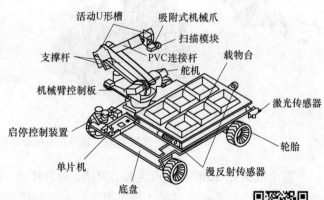

图 4-38　吸附连杆式搬运小车

机械爪连杆式搬运小车的机械臂能实现多自由度运动，通过平行式机　视频 4.4.1
械爪和舵机的协调工作，将物料安放到小车的载物台。但是因为机械臂自由度的限制，机构更适合于物体的平移、物块的堆垛或分类摆放等操作。实物和模型如图 4-39 所示。这两款小车的轮子都为橡胶轮，使小车的运动并不方便，与全向轮和麦克纳姆轮相比，移动不灵活，在小空间内无法很好地进行移动，且效率较低，所以此机构模型更适合于单一的循迹夹取物块。

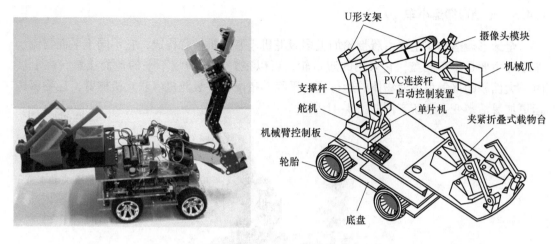

图 4-39 机械爪连杆式搬运小车

4.4.2 多级舵机串联式小车

多级舵机串联式小车主要由橡胶轮和多级舵机串联式机械臂组成，模型如图 4-40 所示。

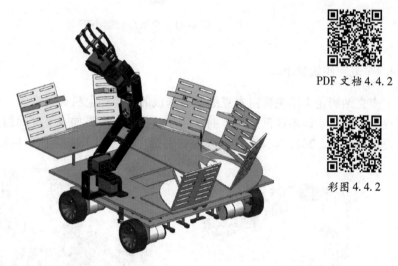

PDF 文档 4.4.2

彩图 4.4.2

图 4-40 多级舵机串联式小车

多级舵机串联式小车利用机械臂中舵机的旋转来控制整个臂运动，大大减少了杆件间的不灵活而带来的卡死，且只需舵机相互连接，大大减少了空间的占用，为机器人的控制电路腾出了大量空间。并且因为舵机数量的提升，自由度大大提高。

底盘采用橡胶轮，适合于重物的搬运，且底盘结构较为简单，易于控制，在物块夹取的承重方面得到了很大的提高。因为底盘和机械臂各方面的优点，所以本模型更加适合高难度和高精度的摆放、堆垛的比赛，循迹也能适用难度较大、更加错综复杂的轨迹比赛。

4.4.3 全地形搬运小车

全地形搬运小车主要由履带轮加上多级舵机串联式机械臂构成，它不同于平面物流小车之处主要是小车底盘，它采用的履带轮，可以很好地与崎岖不平的地面接触，在上坡时，大面积的接触可以使物体的运行更加平稳，搭配的多级舵机串联式机械臂，让物料搬运更加灵活多变，创新实例如图 4-41 所示。

PDF 文档 4.4.3

图 4-41　全地形搬运小车

4.4.4 麦克纳姆轮小车

麦克纳姆轮小车主要由麦克纳姆轮构成的底盘加上机械臂构成，因机械臂的自由度有所提高，搬运物体不仅仅是简单的平面挪动物体，而是加入了准确的控制，可以在空间上更灵活地运动。2021 年编者团队参加比赛的主车和副车模型如图 4-42 所示。

PDF 文档 4.4.4

视频 4.4.4.1

视频 4.4.4.2

视频 4.4.4.3

图 4-42　麦克纳姆轮小车

小车有多级舵机串联式机械臂的特点，抓取放置物流自由灵活。车体部分采用分层式结构，受力平衡，可用空间多，利于排布硬件和连接线。方形物料架，安装一定斜度，可以达到自定心。底盘为麦克纳姆全向运动机构，减去了90°转弯的过程，在空间速度上具有很大的优势，但是不能承重受限，所以这种模型机构更适用于一些复杂的循迹比赛中。

复习思考题

4-1　工程搬运小车的底盘主要包括哪些类型？
4-2　工程搬运小车采用的机械臂主要包括哪几种形式？说明极坐标式机械臂的结构特点。
4-3　简述麦克纳姆轮的安装方法。
4-4　以关节机械臂为例分析工作空间的概念。

5 工程搬运小车的视觉识别

❖ **课程思政**

2020 年全国两会期间，习近平总书记在看望参加政协会议的经济界委员时，讲了个"金扁担"的故事——当年在陕北黄土地上，他问老百姓觉得过什么样的日子最好，具体的目标是什么？老百姓回答第一个目标是能吃饱肚子，哪怕吃糠咽菜都行；第二个目标是吃高粱、玉米面等纯粮食；第三个目标是想吃细粮就吃细粮，还能经常吃肉。他让老百姓再大胆想想还有什么更高的境界，老百姓说："那就将来干活挑着金扁担。"习近平总书记对政协委员们说："我想这个目标也在实现中。'金扁担'，我把它理解为农业现代化。"当前在乡村振兴背景下，采摘小车灵活的移动机械手，减少了人力劳动，实现自动化作业。那么这些采摘小车怎么找到苹果、草莓、辣椒等果实呢？靠的就是视觉识别技术。

本章主要介绍工程搬运小车搬运货物时用于识别货物的视觉识别技术，着重介绍了 OpenMV 与树莓派的基本操作，由于树莓派只是开源硬件，因此也介绍了 OpenCV 的应用，然后分别举例说明了基于 OpenMV 与树莓派的视觉应用，具体应用主要包括常见的颜色识别、形状识别、二维码识别等。

5.1 视觉识别组成及原理

5.1.1 视觉识别的组成

PDF 文档 5.1.1

随着人工智能快速发展，机器视觉成为工业自动化系统的灵魂之窗，从物件/条码辨识、产品检测、外观尺寸测量到机械手臂/传动设备定位，都是它的舞台。机器视觉系统通过图像摄取装置将被摄取目标转换成图像信号，传送给专用的图像处理系统，得到被摄目标的形态信息。图像处理系统根据像素分布和亮度、颜色等信息，将形态信息转变成数字化信号，图像系统对这些信号进行各种运算来抽取目标的特征，进而根据判别的结果来控制现场的设备动作。一个完整的机器视觉系统由光源、镜头（CCD）、工业相机、计算机、执行器 5 部分组成，如图 5-1 所示。

（1）光源。光源产生的光线照射到待检物体表面，使其产生特定的图像或增强其特征，是影响机器视觉系统输入的重要因素。通常使用特定波长的光源，并对光源中发光器件的排列方式进行设计以达到均匀的照射效果。光源直接影响输入数据的质量和应用效果，针对每个特定的应用实例，要选择相应的照明装置，以达到最佳效果。

（2）镜头。镜头的作用是将被测目标成像到工业相机的感光芯片上。

（3）工业相机。工业相机的主要作用是采集图像，将光信号转换成电信号，从而输

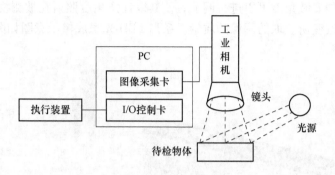

图 5-1　机器视觉系统组成

出图像给计算机。

（4）计算机。图像采集卡将摄像机采集的模拟信号转换成数字图像，图像处理算法在计算机中运行，将采集到的图像处理为有意义的结果，根据这些结果通过 I/O 控制卡驱动执行器进行操作。

（5）执行装置。执行装置是根据视觉系统的检测结果去控制被控对象。

5.1.1.1　光源的选型

光源是机器视觉系统的重要组成部分，决定了输入信号的质量。良好的光源照明设计可以使图像中的目标信息与背景信息得到最佳分离，改善整个视觉系统的分辨率，大大降低图像处理的算法难度，提高系统的精度和可靠性。

机器视觉系统中的光源主要有三个作用：

（1）照亮目标，提高亮度，形成有利于图像处理的成像效果；

（2）克服环境光的干扰，保证图像稳定性；

（3）用作测量的工具或参照物。

光源的选择一般根据以下几个方面进行：

（1）了解项目需求，明确要检测或测量的目标；

（2）了解目标与背景的区别，找出两者之间最可能差异大的光学现象；

（3）根据光源与目标之间的配合关系，初步确定光源的发光类型；

（4）通过实际光源测试，确定满足要求的发光方式；

（5）根据具体情况，确定适用于用户的产品。

光源一般分为可见光源和不可见光源。工业上常用的可见光源有 LED、卤素灯、荧光灯等，不可见光源主要为近红外光、紫外光、X 射线等。不可见光源主要用来应对一些特定的需求，比如燃气管道焊接工艺的检测，由于不可见光的可穿透性，才能到达检测点。

目前应用最多的机器视觉光源是 LED 光源，它具有效率高、寿命长、防潮抗震、节能环保等特点，是视觉照明系统的最佳选择。LED 光源主要包括以下三种。

（1）LED 条形光源。LED 条形光源将高密度 LED 阵列放置在紧凑的、呈直角且可倾斜的矩形照明单元中。它的照明原理是将 LED 高密度排列在单个条形平面电路板上。设计时，条形光源的安装角度可以进行调节，使其以任意角度照射在被测物体表面，光线的角度和方向可以改变所获取的图像的质量。条形 LED 光源成像示意图如图 5-2 所示。

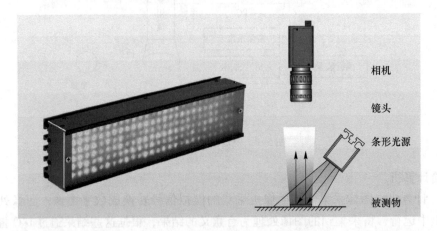

图 5-2　条形 LED 光源成像示意图

LED 条形光源可以提供斜射照明，亮度高，灵活性大，但调试时间较长。LED 条形光源的低角度照射是检测金属表面边缘和突出印刷破损的理想照明。

（2）LED 同轴光源。基于 LED 灯的基本性质，LED 同轴光源发出的光线平行或垂直照射，光照均匀，适用于反射度极高的金属表面以及玻璃面等，能够清晰地反映凹凸物体的表面图像。

LED 同轴光源的照明原理是在同轴灯里面安装一块 45° 半透半反的玻璃。将高亮度、高密度的 LED 阵列排列在线路板上，形成一个面光源，这时面光源发出的光线经过透镜之后，照射到半透半反玻璃上，从被测物体上反射的光线垂直向上穿过半透半反玻璃，进入摄像头。这样既消除了反光，又避免了图像中产生摄像头的倒影。物体所呈现出清晰的图像，被相机捕获，用于进一步地分析和处理。LED 同轴光源成像示意图如图 5-3 所示。

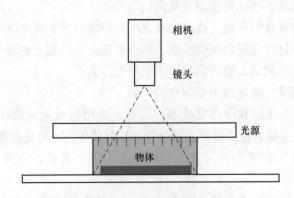

图 5-3　LED 同轴光源成像示意图

（3）低角度方式照明。低角度方式照明采用 LED 环形光源，其安装角度低，接近 180°。在低角度方式下，光源以接近 180° 照明物体，容易突出被测物体的边缘和高度变化，适合被测物体边缘检测和表面光滑物体的划痕检测。低角度方式照明示意图如图 5-4 所示。

5.1.1.2 相机的选型

在机器视觉系统中，工业相机就像人眼，是视觉系统最关键的组成部分，可以捕获图像。相机按其感光器的不同，可分为 CCD（Charge Coupled Device）相机和 CMOS（Complementary Metal Oxide Semiconductor）相机。

相机主要根据以下几个方面进行选择。

（1）根据应用的不同选择。根据应用的不同选用 CCD 或 CMOS 相机，CCD 相机的成本较高，但成像品质、成像通透性、色彩的丰富性等方面都比 CMOS 相机性能好，主要应用在贴片机机器视觉等运动物体的图像提取。而 CMOS 相机的优势是具有成本低和功耗低的特点。

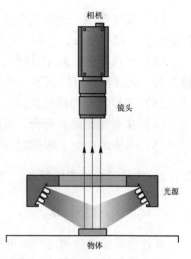

图 5-4　低角度方式照明示意图

（2）分辨率的选择。根据待观察或待测量物体的精度选择合适的分辨率。

相机像素精度＝单方向视野范围大小/相机单方向分辨率。

单方向视野范围大小＝相机传感器尺寸/镜头倍率。

一般情况下，根据相机的输出要求选择不同的分辨率。如果是体式观察或机器软件分析识别，选择高分辨率；如果是 VGA 输出或 USB 输出，通过显示器观察还要依赖于显示器的分辨率；采用存储卡或拍照功能，也要选择高一点的相机分辨率。

（3）相机帧数的选择。当被测物体有运动要求时，要选择帧数高的相机。但一般分辨率越高，帧数越低。

（4）与镜头的匹配。传感器芯片尺寸需要小于或等于镜头尺寸，C 或 CS 安装座也要匹配。

5.1.1.3 镜头的选型

镜头的主要参数有焦距、景深（Depth of Field，DOF）、分辨率、工作距离、视场（Field of View，FOV）等。

焦距是主点到成像面的距离，这个数值决定了摄影范围的不同。数值小，成像面距离主点近，是短焦距镜头，这种情况下的画角是广角，可拍摄广大的场景；相反，主点到成像面的距离远时，是长焦距镜头，画角变窄。

景深是指镜头能够获得最佳图像时，被摄物体离此最佳焦点前后的距离范围。

分辨率指镜头清晰分辨被摄景物纤维细节的能力，制约工业镜头分辨率的是光的衍射现象，即衍射光斑。分辨率的单位是线对/毫米（1p/mm）。

工作距离是指镜头到被摄物体的距离，工作距离越长，成本越高。

视场是表示摄像头所能观测到的最大范围，通常以角度表示。一般说来，视场越大，观测范围越大。

在设计机器视觉系统时，要选择参数与用户需求相匹配的镜头。镜头的选择主要考虑以下几个方面。

（1）视野范围、光学放大倍数及期望的工作距离。在选择镜头时，选择比被测物体视野稍大一点的镜头，有利于运动控制。

（2）景深要求。对于景深有要求的项目，尽可能使用小的光圈；在选择放大倍率的镜头时，在项目许可情况下尽可能选用低倍率镜头。

（3）芯片大小和相机接口。

（4）注意与光源的配合，选配合适的镜头。

（5）可安装空间。根据实际安装空间选择镜头大小。

5.1.2　机器视觉的工作原理

5.1.2.1　数字图像

在计算机普遍应用之前，电视、电影、照相机等图像记录与传输设备都是使用模拟信号对图像进行处理。但是，计算机只能处理数字量，而不能直接处理自然界的模拟图像，所以要在使用计算机处理图像之前进行图像数字化。数字图像就是能够在计算机上显示和处理的图像，可根据其特性分为位图和矢量图两大类。位图通常使用数字阵列来表示，矢量图由矢量数据库表示。

将一幅图像视为一个二维函数 $f(x, y)$，其中 x 和 y 是空间坐标，而在 $x\text{-}y$ 平面中的任意一对空间坐标 (x, y) 上的幅值 f 称为该点图像的灰度、亮度或强度。此时，如果 $f(x, y)$ 均为非负有限离散，则称该图像为位图。一个大小为 $M \times N$ 的数字图像是由 M 行 N 列的有限元素组成的，每个元素都有特定的位置和幅值，代表了其所在行列位置上的图像物理信息，如灰度和色彩等，这些元素称为像素。

根据每个像素所代表信息的不同，可将图像分为二值图像、灰度图像、RGB 图像以及索引图像等。

　A　二值图像

每个像素只有黑、白两种颜色的图像称为二值图像。在二值图像中，像素只有 0 和 1 两种取值，一般用 0 表示黑色，用 1 表示白色。

　B　灰度图像

在二值图像中进一步加入许多介于黑色与白色之间的颜色深度，就构成了灰度图像。这类图像通常显示为从最暗的黑色到最亮的白色的灰度，每种灰度（颜色深度）称为一个灰度级，通常用 L 表示。在灰度图像中，像素可以取 $0 \sim (L-1)$ 的整数值，根据保存灰度数值所使用的数据类型不同，可能有 256 种取值或者说 2^k 种取值，当 $k = 1$ 时即退化为二值图像。

　C　RGB 图像

自然界中几乎所有颜色都可以由 RGB 三原色中红（Red，R）、绿（Green，G）、蓝（Blue，B）3 种颜色组合而成。计算机显示彩色图像时采用最多的就是 RGB 模型，对于每个像素，通过控制 R、G、B 三原色的合成比例决定该像素的最终显示颜色。对于三原色 RGB 中的每一种颜色，可以像灰度图那样使用 L 个等级来表示含有这种颜色成分的多少。例如对于含有 256 个等级的红色，0 表示不含红色成分，255 表示含有 100% 的红色成分。

绿色和蓝色也可以划分为 256 个等级。这样每种原色可以用 8 位二进制数据表示，于是三原色总共需要 24 位二进制数，这样能够表示出的颜色种类数目为 $256 \times 256 \times 256 = 2^{24}$，大约有 1600 万种，已经远远超过普通人所能分辨出的颜色数目。

RGB 颜色代码可以使用十六进制数减少书写长度，按照两位一组的方式依次书写 R、G、B 三种颜色的级别。例如：0xFF0000 代表纯红色，0x00FF00 代表纯绿色，而 0x00FFFF 是青色（这是绿色和蓝色的加和）。当 RGB 三种颜色的浓度一致时，所表示的颜色就退化为灰度，比如 0x808080 就是 50% 的灰色，0x000000 为黑色，0xFFFFFF 为白色。常见颜色的 RGB 组合值见表 5-1。

表 5-1 常见颜色的 RGB 组合值

颜 色	R	G	B
红（0xFF0000）	255	0	0
绿（0x00FF00）	0	255	0
蓝（0x0000FF）	0	0	255
黄（0xFFFF00）	255	255	0
紫（0xFF00FF）	255	0	255
青（0x00FFFF）	0	255	255
白（0xFFFFFF）	255	255	255
黑（0x000000）	0	0	0
灰（0x808080）	128	128	128

RGB 图像是未经压缩的原始 BMP 文件使用 RGB 标准给出的 3 个数值来存储图像数据的。在 RGB 图像中每个像素都用 24 位二进制数表示，也称为 24 位真彩色图像。

D 索引图像

若每个像素都采用 24 位二进制数值表示，图像文件的体积将变得十分庞大。比如，对一个长、宽各为 200 像素，颜色数为 16 的彩色图像，每个像素都用 RGB 三个分量表示，这样每个像素由 3 个字节表示，整个图像就是 $200 \times 200 \times 3B = 120$ kB。索引图像则用一张 16×3 的二维数组颜色表保存这 16 种颜色对应的 RGB 值，在表示图像的矩阵中使用这 16 种颜色，在颜色表中的偏移量作为数据写入相应的行列位置。这样一来，每一个像素所需要使用的二进制数就仅仅为 4 位（0.5 字节），从而整个图像只需要 $200 \times 200 \times 0.5B = 20$ kB 就可以存储，而不会影响图像显示质量。

颜色表就是调色板（palette），Windows 位图中应用到了调色板技术。对于数字图像 $f(x, y)$ 的定义只适用于静态的灰度图像。更严格地说，数字图像可以是 2 个变量（对于静止图像）或 3 个变量（对于动态画面）的离散函数。在静态图像的情况下是 $f(x, y)$，而如果是动态画面，则还需要时间参数 t，即 $f(x, y, t)$。函数值对于灰度图像来说可能是一个数值，对于彩色图像来说也可能是一个向量。

5.1.2.2 图像处理

图像处理、图像分析和图像识别是认知科学与计算机科学中的分支。从数字图像处理到数字图像分析，再发展到最前沿的图像识别技术，其核心都是对数字图像中所含有的信息的提取及与其相关的各种辅助过程。

A　数字图像处理

数字图像处理（digital image processing）就是指使用电子计算机对量化的数字图像进行处理，具体地说就是通过对图像进行各种加工来改善图像的外观，是对图像的修改和增强。图像处理的输入是从传感器或其他来源获取的原始的数字图像，输出是经过处理后的输出图像。处理的目的可能是使输出图像具有更好的效果，便于人们的观察，也可能是为图像分析和识别做准备，此时的图像处理是作为一种预处理步骤，输出图像将进一步进行分析和识别。

B　数字图像分析

数字图像分析（digital image analysis）是指对图像中感兴趣的目标进行检测和测量，以获得客观的信息。数字图像分析通常是指将一幅图像转化为另一种非图像的抽象形式，例如图像中某物体与测量者的距离、目标对象的计数或其尺寸等。这一概念的外延包括边缘检测和图像分割、特征提取以及几何测量与计数等。

图像分析的输入是经过处理的数字图像，其输出通常不再是数字图像，而是一系列与目标相关的图像特征（目标的描述），如目标的长度、颜色、曲率和个数等。

C　数字图像识别

数字图像识别（digital image recognition）主要是研究图像中各目标的性质和相互关系，识别出目标对象的类别，从而理解图像的含义。目前数字图像处理技术应用广泛，如光学字符识别（OCR）、产品质量检验、人脸识别、自动驾驶、医学图像和地貌图像的自动判读理解等。

图像识别是图像分析的延伸，它根据从图像分析中得到的相关特征对目标进行归类，输出使用者感兴趣的目标类别标号信息。总而言之，从图像处理到图像分析再到图像识别这个过程，是一个将所含信息抽象化，提炼有效数据的过程，如图5-5所示。从信息论的角度上说，图像应当是物体所含信息的一个概括，而数字图像处理侧重于将这些概括的信息进行变换，数字图像分析则是将这些信息抽取出来以供其他过程调用。

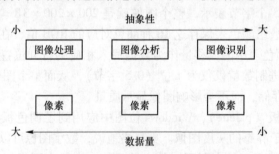

图5-5　数字图像处理、分析和识别的关系

5.2　OpenMV 基础

5.2.1　OpenMV 简介

PDF 文档 5.2.1

OpenMV 是一款基于 Python 编程语言的开源机器视觉平台，如图 5-6 所示。它提供了

一个简单而强大的方式来处理图像和视频数据，并且可以与各种
传感器和执行器进行交互。OpenMV 的设计目标是为嵌入式系统
提供高效的计算能力，使其能够在资源有限的环境下进行实时图
像处理和计算机视觉任务。

OpenMV 硬件平台基于 ARM Cortex-M7 处理器，支持 Wi-Fi
和蓝牙模块的扩展，以实现无线通信和远程控制。其固件提供了
一系列易于使用的 Python 库，用于图像处理、计算机视觉和机
器学习任务，如颜色追踪、人脸检测、二维码识别等。

OpenMV 的开发环境简单易用，用户可以使用 OpenMV IDE
进行代码编写、调试和上传。IDE 提供了丰富的示例代码和文
档，帮助用户快速上手。此外，OpenMV 还支持与其他开发平台（如 Arduino、Raspberry
Pi）的集成，使其更加灵活和可扩展。

图 5-6　OpenMV

在本章中，将以学习 OpenMV3 R2 为例进行介绍，如果读者正在使用的是其他版本，
不用担心，所学的内容可以轻松地应用于 OpenMV 的其他型号上。

5.2.2　OpenMV 安装及使用

（1）下载软件。下载后一直单击"下一步"，就正常安装完成了，如图 5-7 所示。

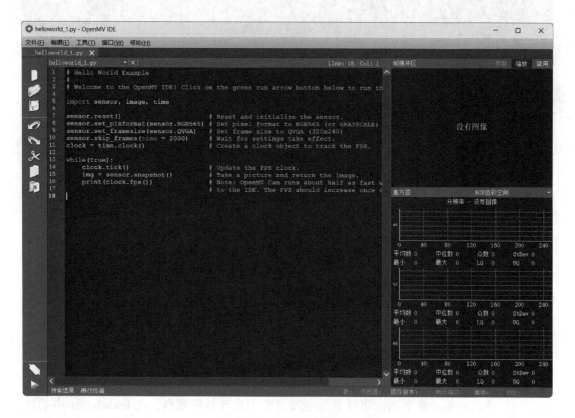

图 5-7　OpenMV 界面

如果没有图像窗口，从右侧可以拖拽出来。

（2）安装驱动。将 OpenMV 插到电脑上。正常情况下，会自动安装驱动，一切不需要手动安装。在设备管理器中如图 5-8 所示。

> 📇 端口 (COM 和 LPT)
>　　📇 OpenMV Cam USB COM Port (COM3)

图 5-8　端口设置

但是可能在一些电脑，驱动不会自动安装。这时在设备管理器中会出现一个叹号，表示没有正常安装驱动。这时就需要自己手动安装。

解压到桌面，然后用鼠标右键单击设备管理器中的这个设备，点升级驱动。

OpenMV 驱动安装失败，90% 的情况都是电脑的问题，精简版操作系统和使用了一些优化软件通常是引起此类问题的原因。

（3）使用 OpenMV。打开 OpenMV IDE，基本使用界面如图 5-9 所示。

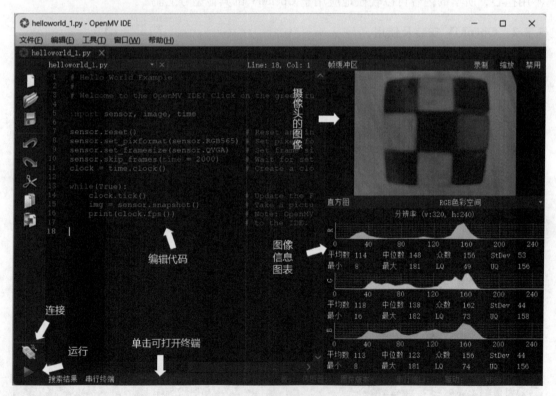

图 5-9　OpenMV IDE 界面

运行一段识别绿色的程序，如图 5-10 所示。

这个程序会根据 green_threshold 的阈值进行色块查找。

（4）更改阈值。数字列表项目首先在摄像头中找到目标颜色，在 framebuffer 中的目标颜色上用鼠标左击圈出一个矩形。在直方图（framebuffer）下面的坐标图中，选择 LAB 色彩空间（LAB Color Space），如图 5-11 所示。

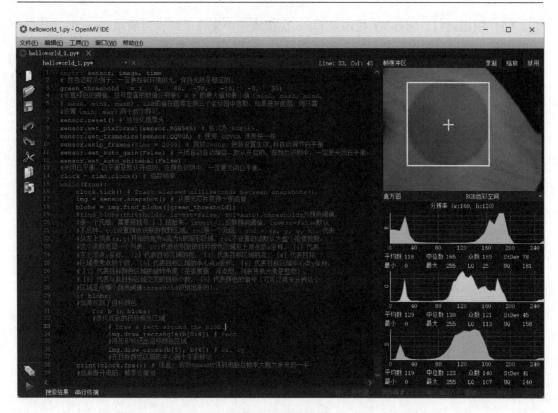

图 5-10 绿色识别

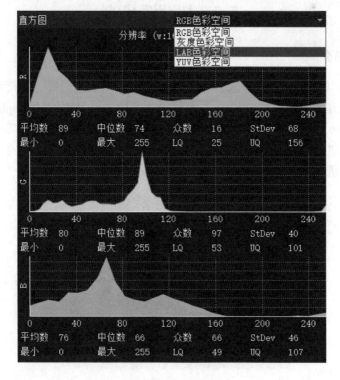

图 5-11 阈值图标

（5）脱机运行。OpenMV 把内置 Flash 虚拟成一个文件系统，当插入 OpenMV 到电脑上的时候，电脑会弹出一个 U 盘，里面就是 OpenMV 的文件系统。当想烧录固件的时候，直接把脚本文件复制到这个 U 盘的 main. py 中。每次通电的时候，OpenMV 会自动运行里面的 main. py，这样就实现了脱机运行。

在工具栏里，单击将打开的脚本保存到 OpenMV Cam（作为 main. py），IDE 就会自动将当前文件保存到 main. py，很方便，如图 5-12 所示。

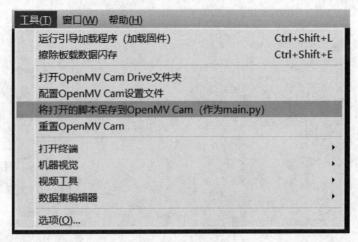

图 5-12　一键下载

5.3　树莓派基础

5.3.1　树莓派简介

PDF 文档 5.3.1

Raspberry Pi（树莓派）是一款基于 ARM 的微信计算机主板尺寸，尺寸大小类似一张信用卡的尺寸，其主流系统基于 Linux，由注册于英国的慈善组织"Raspberry Pi 基金会"开发，Eben Upton 为项目带头人。树莓派可以连接显示器、键盘、鼠标等设备使用，能替代日常桌面计算机的多种用途，包括浏览网页、播放视频、玩游戏，但是其设计初衷是为了学生学习计算机编程。树莓派 3 代 B＋型开发板如图 5-13 所示。

图 5-13　树莓派 3 代 B＋型开发板

本章将以树莓派 3 Model B + 为例进行介绍，这些内容可以适用于树莓派的其他型号上，更多树莓派资料可以参考树莓派官方论坛。

5.3.2　树莓派系统安装

5.3.2.1　准备工作

视频 5.3.2

要让树莓派运行起来首先要安装树莓派使用的系统，树莓派支持的操作系统较多，包括 NOOBS、Raspbian、Ubuntu Mate、Snappy Ubuntu Core、CentOS、Windows IoT 等。本书以 64 位的 Raspberry PI OS 64 位为例，3B 以上机型强烈推荐安装 64 位系统，以保证最佳性能。

烧录树莓派系统需要准备如下内容：

（1）树莓派 3B + 一块；

（2）读卡器一个；

（3）TF 卡一张（建议在 16 G 以上）；

（4）电脑一台（Macos 和 Windows 都可以）；

（5）树莓派烧录器；

（6）烧录软件。

首先去树莓派官方网站（Raspberry Pi OS-Raspberry Pi）下载对应系统的镜像烧录软件，如图 5-14 所示。

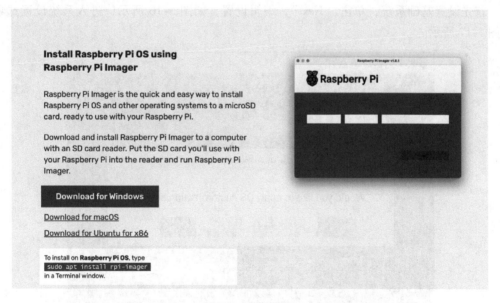

图 5-14　烧录软件

5.3.2.2　镜像文件的选择

打开树莓派烧录器后，单击 CHOOSE DEVICE（选择树莓派型号），选择相应的型号，单击 CHOOSE OS（选择操作系统），进入系统下载界面，选择所需要下载的系统并确定。64 位的 PI OS 需要单击 RASPBERRY PI OS，选择 RASPBERRY PI OS（64-BIT），如图 5-15 所示。

图 5-15　镜像烧录器

5.3.2.3　SD 卡的选择

将 TF 卡插入读卡器，并将读卡器连接电脑，在树莓派烧录器中选择 SD 卡。

首先设置基础系统，单击"Next"，编辑设置，如图 5-16 所示，进入系统设置选项，如图 5-17 所示。

图 5-16　编辑设置 1

再勾选设置主机名，这一步为了方便查找 IP。勾选 Set username and password，设置 Username 和个人自定义密码。勾选配置 WiFi，并输入路由器的名称与密码，这一步是为了没网线、没屏幕时能够连接网络，WiFi 国家选择 CN（中国），默认 GB（英国）。勾选语言设置，选择 Aisa/Shanghai，键盘布局默认 us，如图 5-18 所示。

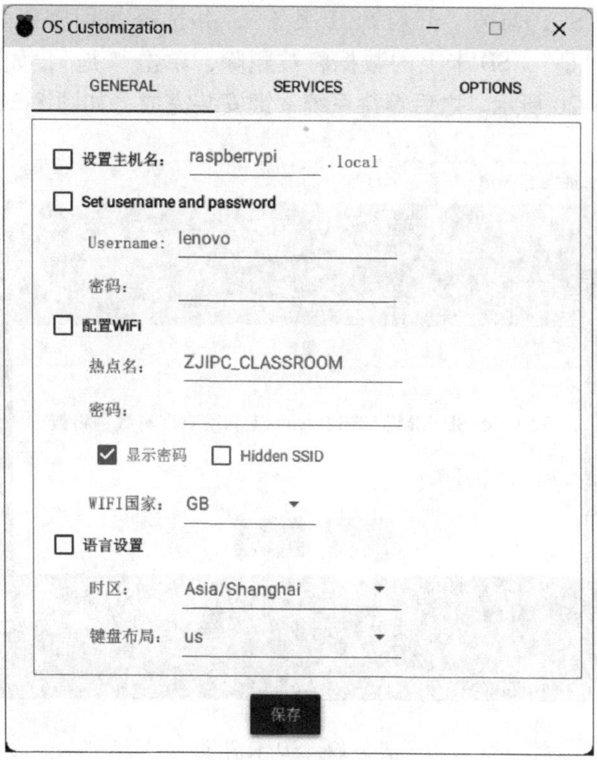

图 5-17 编辑设置 2

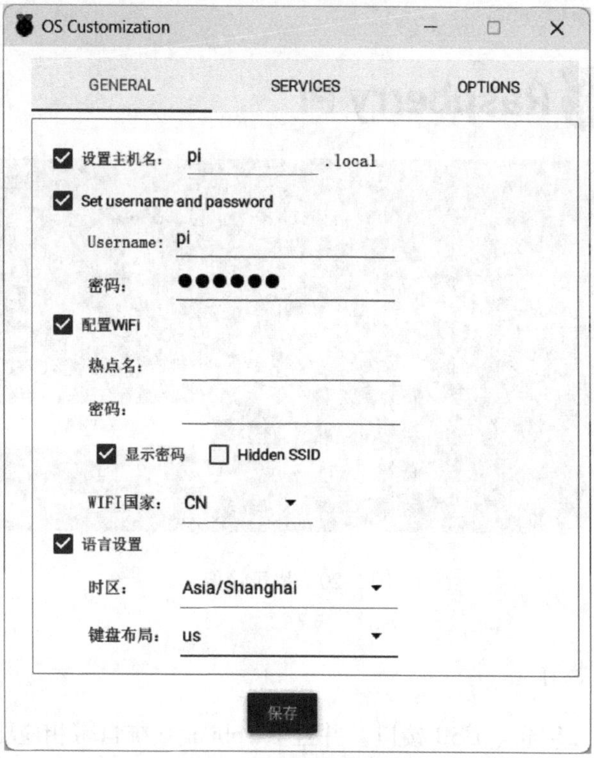

图 5-18 编辑设置 3

　　单击"SERVICES"，勾选"开启 SSH 服务"，并选择使用密码登录。单击"保存"完成设置。再单击"是"，SD 卡上的数据将被删除，单击"是"，如图 5-19 所示。之后将开始写入，如图 5-20 所示。之后等待系统一键安装完成，如图 5-21 所示。

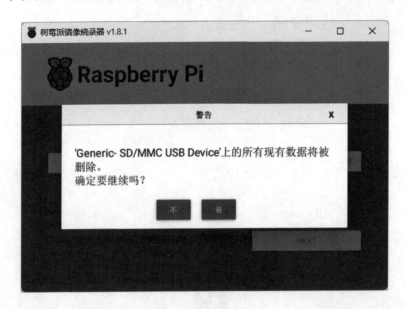

图 5-19　SD 卡清除

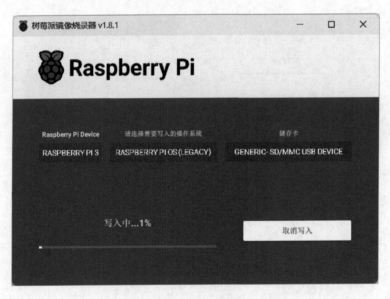

图 5-20　烧录镜像

视频 5.3.3

5.3.3　树莓派 SSH 操作

　　树莓派虽然自带 HDMI、USB 接口，并且 Raspbian 系统自带相应驱动，但是当没有鼠标、键盘与显示器时，想要对树莓派进行相关操作，这时就要用到 SSH 操作方式。

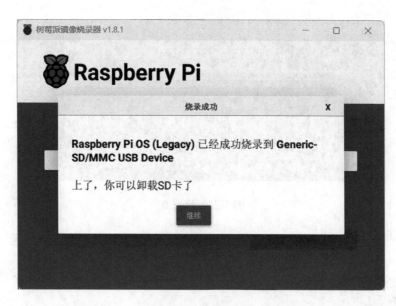

图 5-21 烧录完成

对首次开机的树莓派进行 SSH 远程登录操作，需要采取以下几个步骤。由于 3 Model B + 代树莓派自带 WiFi，因此后续的步骤讲解，以通过 WiFi 进行 SSH 远程登录操作为例。

步骤 1： Raspbian 系统 SSH 功能在系统烧录时如果忘记开启，就需要将其修改为开启。当把树莓派系统镜像烧录到 TF 卡之后，在 Windows 看到的 TF 卡变成了空间很小的名为 boot 的盘，在此目录下新建一个名为 ssh 的空白文件（无扩展名），此时系统将会在开机时自动开启 SSH 功能。

步骤 2： 在相同目录下新建一个名为 wpa_supplicant. conf 的空白文件，并在其中加入以下代码：

country = CN

ctrl_interface = DIR = /var/run/wpa_supplicant GROUP = netdev

update_config = 1

network = {

ssid = " Wi-Fi 名字,不删除引号,不能有中文"

psk = " Wi-Fi 密码,不删除引号"

priority = 1 此处替换成数字,数字越大代表优先级越高

}

步骤 3： 将电脑个人热点打开，树莓派通过电脑网线连接，树莓派连接之后，在电脑 cam 处能查看树莓派的 IP，如图 5-22 所示。可以 ping 一下 IP 确保正常，如图 5-23 所示。

图 5-22 树莓派 IP

```
C:\Users\LENOVO>ping 192.168.71.185

正在 Ping 192.168.71.185 具有 32 字节的数据:
来自 192.168.71.185 的回复: 字节=32 时间=6ms TTL=64
来自 192.168.71.185 的回复: 字节=32 时间=7ms TTL=64
来自 192.168.71.185 的回复: 字节=32 时间=39ms TTL=64
来自 192.168.71.185 的回复: 字节=32 时间=9ms TTL=64

192.168.71.185 的 Ping 统计信息:
    数据包: 已发送 = 4, 已接收 = 4, 丢失 = 0 (0% 丢失),
往返行程的估计时间(以毫秒为单位):
    最短 = 6ms, 最长 = 39ms, 平均 = 15ms
```

图 5-23　检查 IP

步骤 4：打开 PuTTY 软件，输入 IP 地址，如图 5-24 所示。之后输入账号、密码。

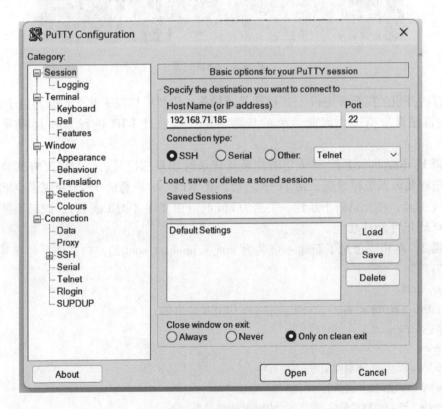

图 5-24　PuTTY 软件

步骤 5：完成 SSH 远程登录，如图 5-25 所示。
步骤 6：输入"sudo passwd pi"重新设置用户密码。

5.3.4　树莓派连接摄像装置

视频 5.3.4

使用树莓派进行图像处理，第一步就需要实现树莓派外接摄像头，并通过摄像头进行图像拍摄或录像，树莓派官方有相关摄像头模块推荐，也可以直接使用最常见的 USB 摄

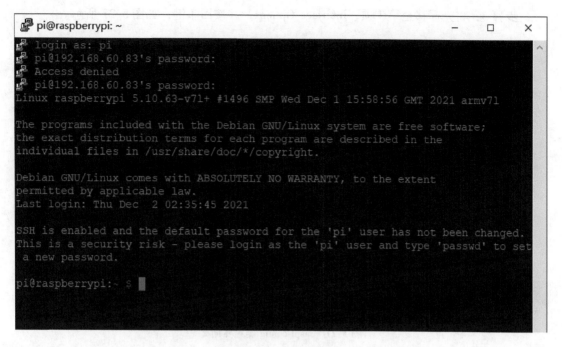

图5-25 登录成功

像头。本节讲解如何在树莓派上使用 USB 摄像头，由于需要观看摄像头效果，推荐通过 VNC 远程登录树莓派的图形界面，这样就无须为树莓派单独配备显示器。

VNC 远程登录树莓派的图形界面的配置流程如下。

步骤 1：开启 PuTTY，执行 S5H 登录。

步骤 2：开启 Raspbian 的 VNC Server，在终端输入命令；sudo raspi-config。config 是 Raspbian 系统自带的配置工具，树莓派的很多必要功能都需要通过它设置。此处只对 VNC 方面的配置进行介绍。raspi-config 的界面如图 5-26 所示。

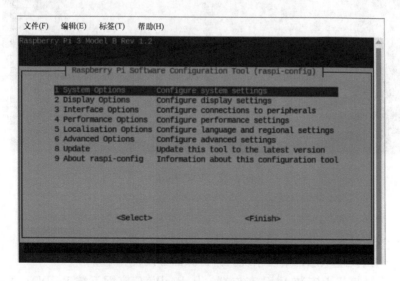

图5-26 raspi-config 设置首界面

步骤3：将光标移至第3项；Interface Options，并按回车键，如图5-27所示。

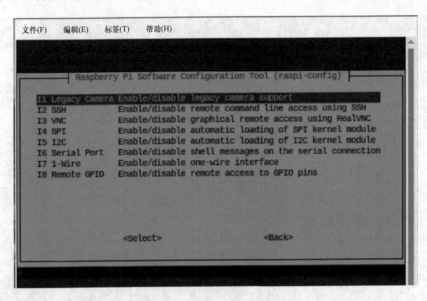

图 5-27　raspl-conflg 设置界面 2

步骤4：将光标移至第3项：VNC，并按回车键，如图5-28所示。

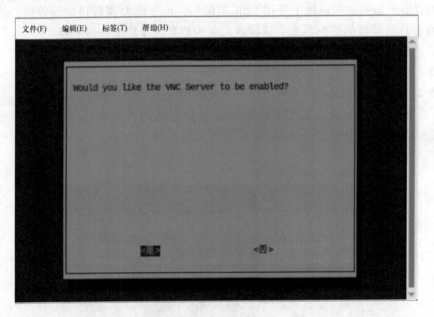

图 5-28　VNC 开启 1

步骤5：选择"是"，并按回车键。

步骤6：设置结束，按回车键进行确认，如图5-29所示。

步骤7：退出设置状态，重启系统。树莓源部分设置完毕。

步骤8：在计算机上安装 VNC 客户端。从 RealVNC 官网下载 RealVNC Viewer，它是

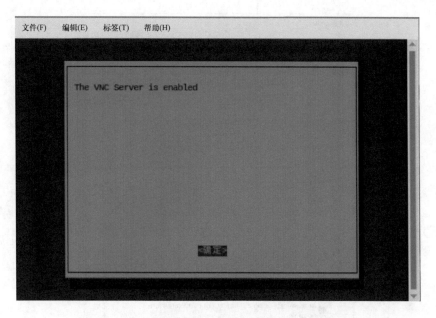

图 5-29　VNC 开启 2

RealVNC 的客户端，跨平台。下载需要的平台的客户端版本即可，网页截图如图 5-30 所示。

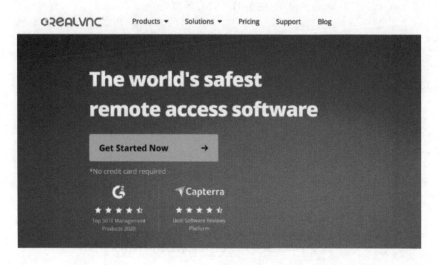

图 5-30　VNC 官网

步骤 9：运行 RealVNC Viewer，新建连接，如图 5-31 所示。

步骤 10：输入树莓派 IP 地址，如图 5-32 所示。

步骤 11：选择连接之后输入树莓派的登录用户名和密码，用户名和密码为登录系统时设置的，如图 5-33 所示。

步骤 12：进入树莓派的远程桌面，如图 5-34 所示。

USB 摄像头检测步骤如下。

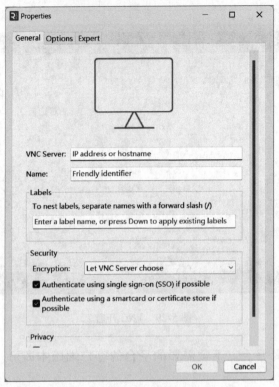

图 5-31　VNC 界面

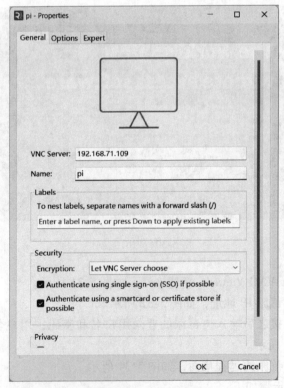

图 5-32　登录 VNC

图 5-33 树莓派用户名和密码

图 5-34 VNC 运行界面

步骤 1：VNC 远程登录树莓派的图形界面后，单击终端图标进入终端并输入 USB 设备检测命令 lsusb，如图 5-35 所示。

步骤 2：将 USB 摄像头插入树莓派中的 USB 接口，并再次使用 lsusb 命令查看 USB 设备，新增的设备即为 USB 摄像头，如图 5-36 所示。

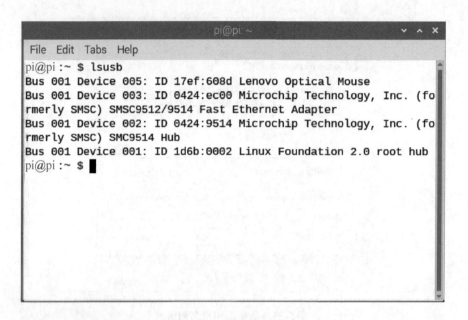

图 5-35   USB 检测 1

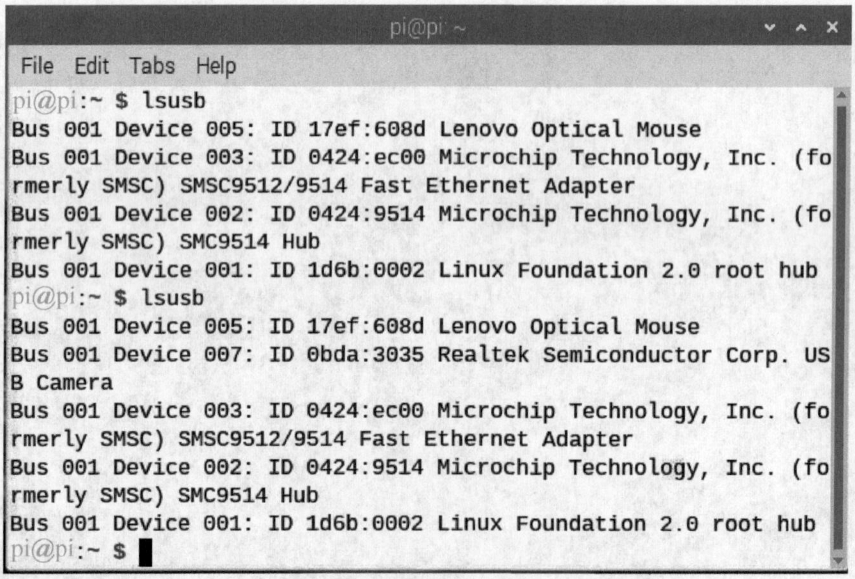

图 5-36   USB 检测 2

步骤 3：也可使用 1s -1/dev/video * 命令查看摄像头设备，如图 5-37 所示。

USB 摄像头简单使用步骤如下。

步骤 1：当 USB 摄像头成功挂载到树莓派上之后，使用 sudo apt-get install fswebcan 命令通过 Raspbian 的仓库来安装 fswebcam，如图 5-38 所示。

步骤 2：在终端中运行命令"fswebcam-no-banner-r 640×480. /image. jpg"来抓拍张来

```
pi@pi:~ $ ls -l /dev/video*
crw-rw----+ 1 root video 81, 13 Dec 11 18:25 /dev/video0
crw-rw----+ 1 root video 81, 14 Dec 11 18:25 /dev/video1
crw-rw----+ 1 root video 81,  0 Dec  5 11:08 /dev/video10
crw-rw----+ 1 root video 81,  1 Dec  5 11:08 /dev/video11
crw-rw----+ 1 root video 81,  2 Dec  5 11:08 /dev/video12
crw-rw----+ 1 root video 81,  5 Dec  5 11:08 /dev/video13
crw-rw----+ 1 root video 81,  6 Dec  5 11:08 /dev/video14
crw-rw----+ 1 root video 81,  7 Dec  5 11:08 /dev/video15
crw-rw----+ 1 root video 81,  8 Dec  5 11:08 /dev/video16
crw-rw----+ 1 root video 81,  3 Dec  5 11:08 /dev/video18
crw-rw----+ 1 root video 81,  9 Dec  5 11:08 /dev/video20
crw-rw----+ 1 root video 81, 10 Dec  5 11:08 /dev/video21
crw-rw----+ 1 root video 81, 11 Dec  5 11:08 /dev/video22
crw-rw----+ 1 root video 81, 12 Dec  5 11:08 /dev/video23
crw-rw----+ 1 root video 81,  4 Dec  5 11:08 /dev/video31
pi@pi:~ $
```

图 5-37　摄像头设备检测

```
pi@pi:~ $ sudo apt-get install fswebcam
Reading package lists... Done
Building dependency tree... Done
Reading state information... Done
The following package was automatically installed and is no longer required:
  libfuse2
Use 'sudo apt autoremove' to remove it.
The following NEW packages will be installed:
  fswebcam
0 upgraded, 1 newly installed, 0 to remove and 0 not upgraded.
Need to get 43.5 kB of archives.
After this operation, 116 kB of additional disk space will be used.
Get:1 http://mirrors.tuna.tsinghua.edu.cn/raspbian/raspbian bullseye/main armhf
fswebcam armhf 20140113-2 [43.5 kB]
Fetched 43.5 kB in 1s (35.0 kB/s)
Selecting previously unselected package fswebcam.
(Reading database ... 106663 files and directories currently installed.)
Preparing to unpack .../fswebcam_20140113-2_armhf.deb ...
Unpacking fswebcam (20140113-2) ...
Setting up fswebcam (20140113-2) ...
Processing triggers for man-db (2.9.4-2) ...
pi@pi:~ $
```

图 5-38　fswebcam 软件安装

自摄像头的照片，并将其放到当前目录下，如图 5-39 所示。

步骤 3：在终端中运行命令“gpicview imagc. jpg”来显示照片，如图 5-40 所示。

在图形界面直接通过文件管理器，在对应文件夹下打开该图片，如图 5-41 和图 5-42 所示。至此，摄像头调试完毕，表明 USB 摄像头可正常工作。

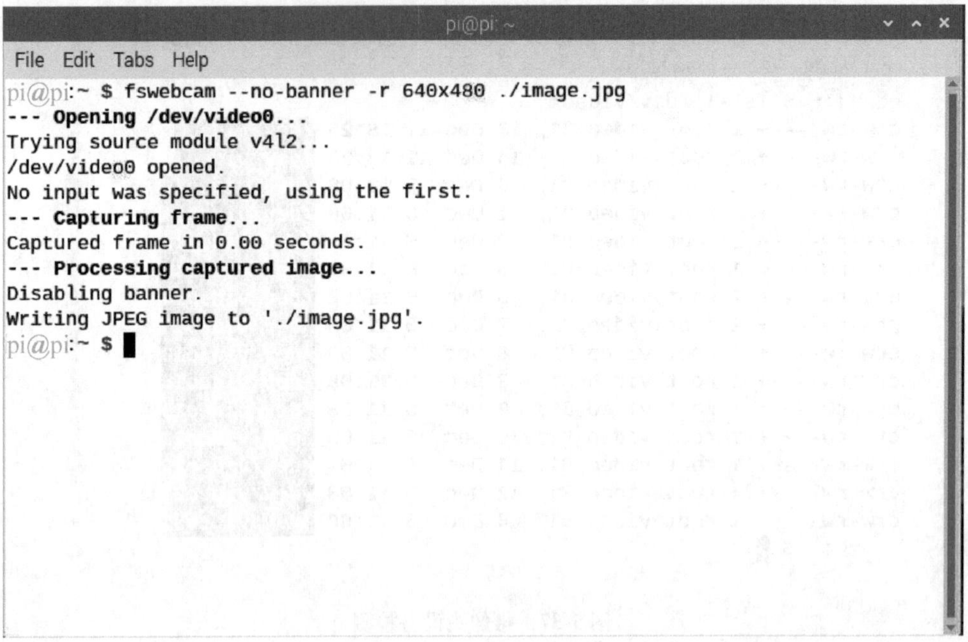

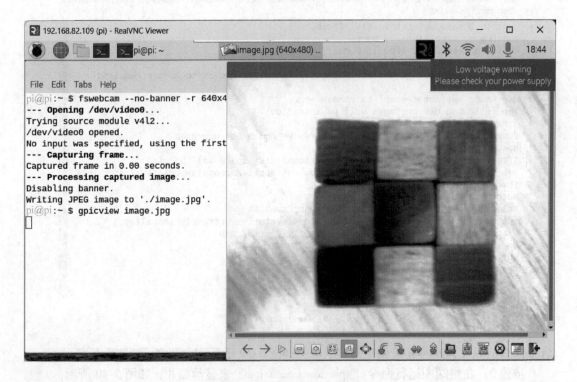

图 5-39　摄像头拍摄照片

图 5-40　命令显示图片界面

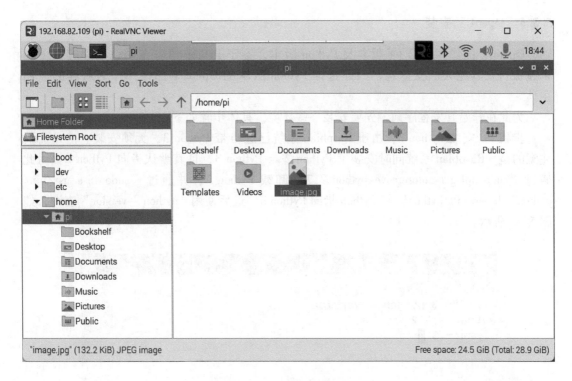

图 5-41 图形界面图片文件

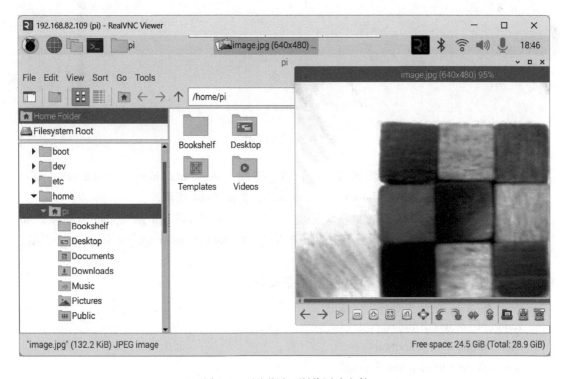

图 5-42 图形界面浏览图片文件

5.3.5　OpenCV 安装

OpenCV 图像库有 C++ 版本及 Python 版本，鉴于 Python 语言在图像处理应用中越来越流行及其庞大的支撑包，因此选择 Python 版本的 OpenCV 图像库作为后续的应用主体。

为此在开始开发程序前，先要安装一些环境，具体步骤如下。

步骤 1：安装 Python 3，由于 Raspbian 系统已经自带 Python 3，无须安装。但是需要注意的是，Raspbian 系统同时安装了 Python 2 与 Python 3，且其默认指向 Python 2。为此通过 "sudo apt-get autoremove python 2.7" 卸载 Python 2，并通过 "sudo In-s/usr/bin/python3.7/usr/bin/python" 将 Python 指向 Python 3。最后使用 "python --version" 查询，如图 5-43 所示。

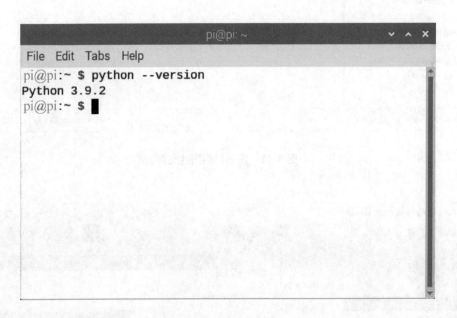

图 5-43　查询 Python

步骤 2：换源，将下述代码复制到 LX_终端，wget -qO -https：//tech. biko. pub/resource/rpi-replace-apt-source-buster. sh|sudo bash，如图 5-44 所示。

步骤 3：软件更新源与系统更新源更改完毕后，输入 "sudo apt-get update" 更新，如图 5-45 所示。软件更新源与系统更新源更改完毕后，输入 "sudo apt-get upgrade" 更新，如图 5-46 所示。

步骤 4：在终端依次输入下面内容，逐条安装。

sudo apt-get install libatlas-base-dev

sudo apt-get install libjasper-dev

sudo apt-get install libqtgui4

sudo apt-get install python3-pyqt5

sudo apt install libqt4-test

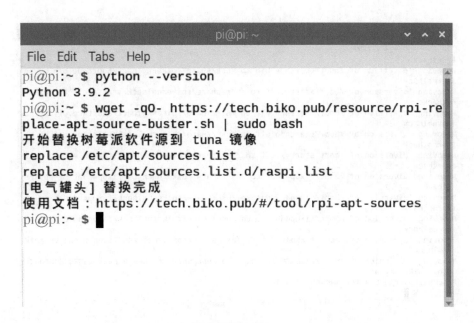

图 5-44 换源

```
pi@pi:~ $ sudo apt-get update
Get:1 http://mirrors.tuna.tsinghua.edu.cn/raspbian/raspbian buster InRelease [15.0 kB]
Get:2 http://mirrors.tuna.tsinghua.edu.cn/raspberrypi buster InRelease [32.6 kB]
Get:3 http://mirrors.tuna.tsinghua.edu.cn/raspbian/raspbian buster/rpi Sources [1,132 B]
Get:4 http://mirrors.tuna.tsinghua.edu.cn/raspbian/raspbian buster/contrib Sources [78.5
 kB]
Get:5 http://mirrors.tuna.tsinghua.edu.cn/raspbian/raspbian buster/non-free Sources [139
 kB]
Get:6 http://mirrors.tuna.tsinghua.edu.cn/raspbian/raspbian buster/main Sources [11.4 MB
]
Get:7 http://mirrors.tuna.tsinghua.edu.cn/raspbian/raspbian buster/main armhf Packages [
13.0 MB]
Get:8 http://mirrors.tuna.tsinghua.edu.cn/raspbian/raspbian buster/non-free armhf Packag
es [110 kB]
Get:9 http://mirrors.tuna.tsinghua.edu.cn/raspbian/raspbian buster/contrib armhf Package
s [58.8 kB]
Get:10 http://mirrors.tuna.tsinghua.edu.cn/raspbian/raspbian buster/rpi armhf Packages [
1,360 B]
Get:11 http://mirrors.tuna.tsinghua.edu.cn/raspberrypi buster/main armhf Packages [400 k
B]
Fetched 25.2 MB in 20s (1,285 kB/s)
Reading package lists... Done
pi@pi:~ $
```

图 5-45 系统更新

　　将上述操作完成后再次"sudo apt-get update"一次。过程中可能有的装不上，注意看报错信息，不是红色报错的，就不用担心，要么就是已经安装过了，要么就是现存更高版本的，不影响后续操作，如图 5-47 所示。

　　步骤5：查看自己树莓派的架构来确定下载什么包，在 LX_终端输入下面的 uname-a

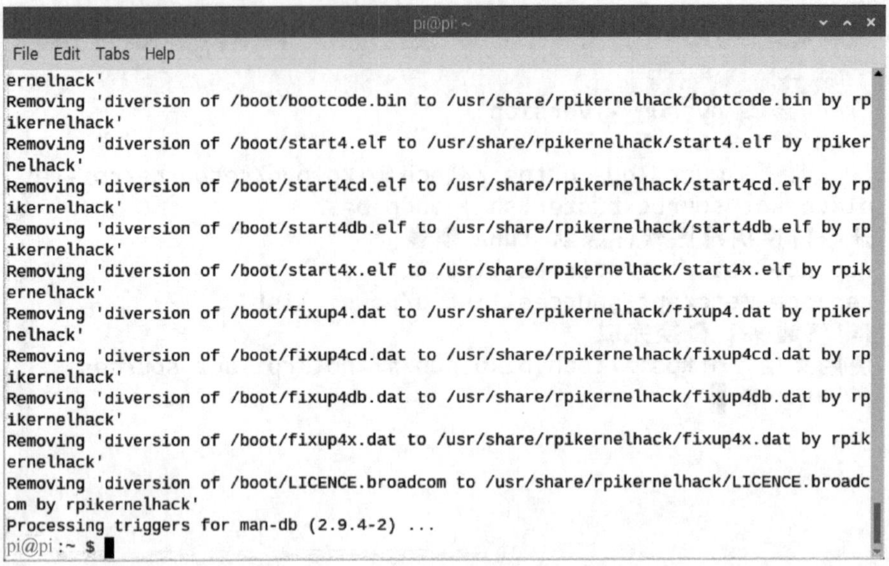

图 5-46　软件更新

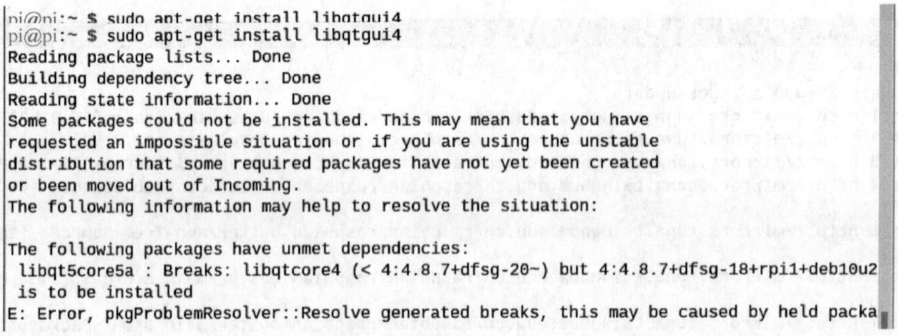

图 5-47　报错

代码来查看自己 Linux 的架构，如图 5-48 所示。

　　步骤 6：下载 whl 包，在 https：//piwheels. org/project/opencv-python/#install 网站内下载符合版本的文件，如图 5-49 所示。

　　接下来需要将下载的 whl 文件传输到树莓派上，这里使用 VNC Viewer 实现文件传输，把文件放在树莓派桌面，方便下一步操作，如图 5-50 和图 5-51 所示。

　　步骤 7：先使用代码进入桌面，cd Desktop，然后输入 pip install opencv，因为 OpenCv 版本号长又容易出错，所以这里直接按一下 <Tab>键，让电脑自动补全即可，如图 5-52 所示。按回车键等待安装。安装完成，如图 5-53 所示。

　　步骤 8：安装完毕，输入"Python"运行 Python，并输入"import cv2"，如未报错，表明 opener-python 安装成功，然后通过"print（cv2. _ _version_ _)"便可获取 OpenCV 的版本号。

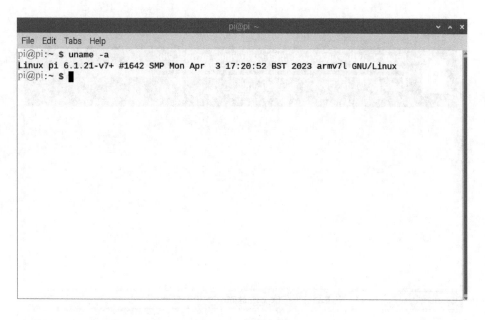

图 5-48 查看架构

Version	Released	Buster Python 3.7	Bullseye Python 3.9	Bookworm Python 3.11	Files
4.8.1.78	2023-09-28	✗	✗	✗	
4.8.0.76	2023-08-09	✗	✗	✗	
4.8.0.74	2023-06-30	✗	✗	✗	
4.7.0.72	2023-02-22	✓	✗	✓	➕
4.7.0.68	2022-12-30	✓	✗	✗	➕
4.6.0.66	2022-06-08	✓	✓	✗	✗

opencv_python-4.6.0.66-cp39-cp39-linux_armv7l.whl (11 MB)　How to install this version

opencv_python-4.6.0.66-cp39-cp39-linux_armv6l.whl (11 MB)　How to install this version

opencv_python-4.6.0.66-cp37-cp37m-linux_armv7l.whl (11 MB)　How to install this version

opencv_python-4.6.0.66-cp37-cp37m-linux_armv6l.whl (11 MB)　How to install this version

Show all releases

图 5-49 whl 包

图 5-50 VNC 文件传输

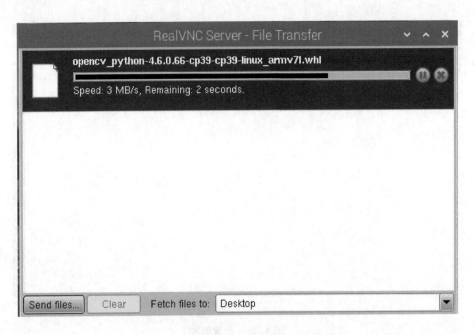

图 5-51　文件传输

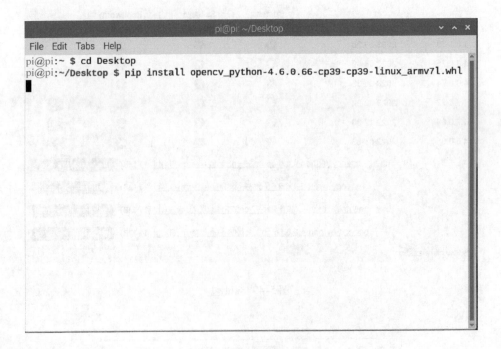

图 5-52　输入文件名

在导入 OpenCV 时报图 5-54 所示的错误，因为 OpenCV 跟 numpy 相关联，版本需要一致才行，输入如下命令更新 numpy，pip3 install-U numpy。更新成功后再测试 OpenCV 是否有效。

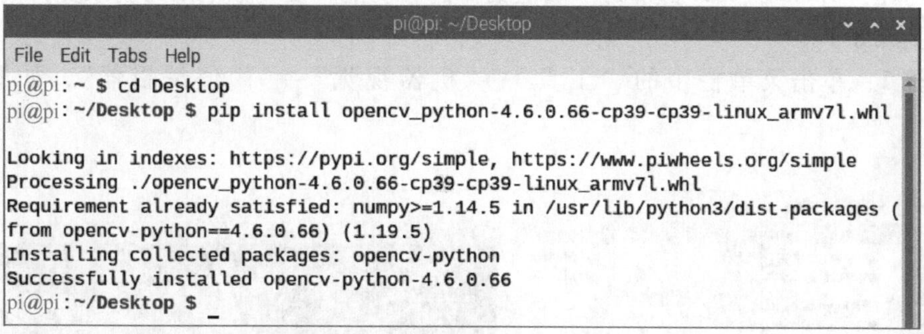

图 5-53　安装完成

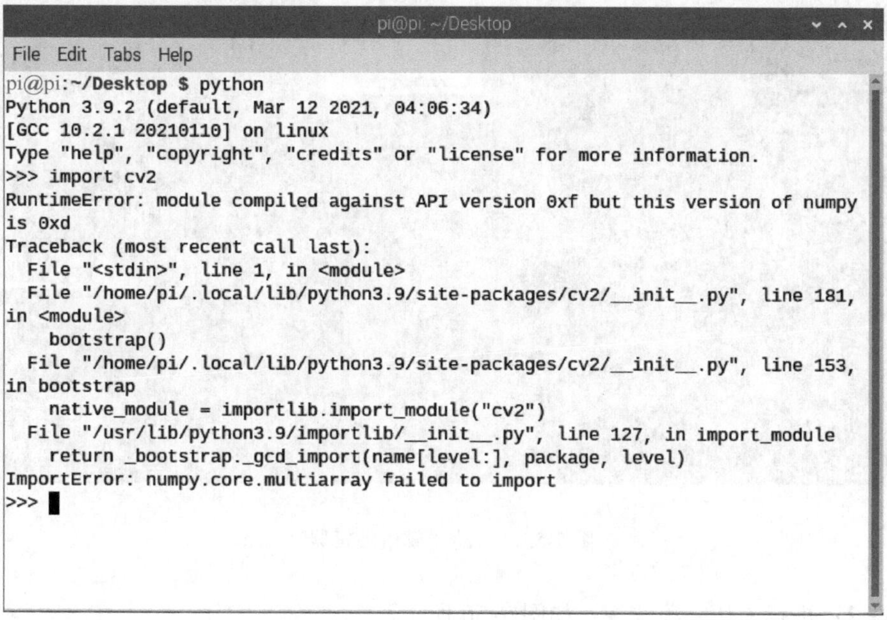

图 5-54　检测安装

5.4　机器视觉应用实例

5.4.1　基于 OpenMV 的视觉识别

5.4.1.1　颜色识别

视频 5.4.1.1

颜色模式就是为了准确描述颜色的，在确定了使用何种颜色表述模式后，只需要对这种表述模式中的参数设定大小范围，就可以明确想要的颜色是哪个范围区间内的颜色了。

OpenMV 识别颜色主要采用 Lab 模式，那么如何获取想要识别颜色的 L、a、b 参数的数值范围呢？OpenMV IDE 自带的"阈值编辑器"功能，使参数范围的获取变得简单，具体操作步骤如下。

步骤 1：单击菜单栏中的"工具"→"机器视觉"→"阈值编辑器"，如图 5-55 所示。

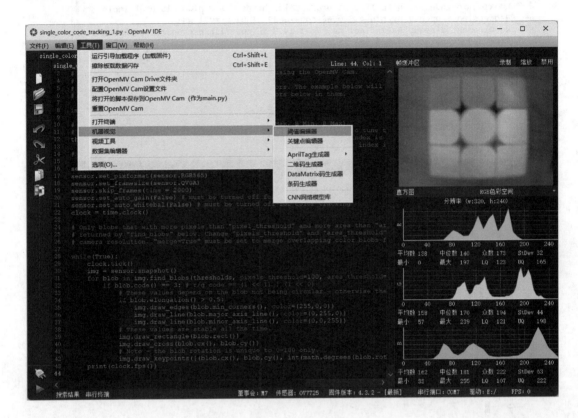

图 5-55　启动"阈值编辑器"

步骤 2：进行图片来源选择，如图 5-56 所示。

步骤 3：拖动 Lab 最小值与最大值的滑动按钮，根据源图像与二进制图像的对比，设置合适的 Lab 值，如图 5-57 所示。

步骤 4：最终获取颜色阈值，其数据结构如下（假定设置阈值数据名为 red）：

$$red = (minL, maxL, minA, maxA, minB, maxB)$$

元组里面的数值分别是 Lab 模式下 L、a、b 参数的最大值和最小值。

在 OpenMV 中，颜色识别属于机器视觉下辖的功能，因此颜色识别的程序主要存在于 image 模块中，而其核心函数为 findblobs 函数，其具体的表述方式如下：

$$img. find\_blobs(thresholds, roi = Auto, x\_stride = 2, y\_stride = 1,$$

$$invert = False, area\_threshold = 10, pixels\_threshold = 10,$$

$$merge = False, margin = 0, threshold\_cb = None, merge\_cb = None)$$

其中 img 为图片对象，可自行定义名称，图片对象可以通过 img = sensor. snapshot( ) 获取，这个函数的入口参数较多，每个入口参数的具体功能及作用见表5-2。

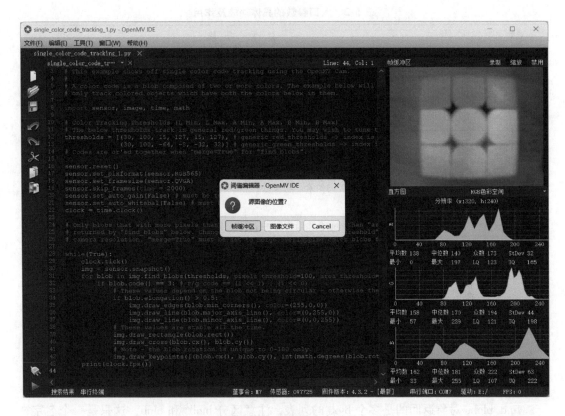

图 5-56 选择图片来源

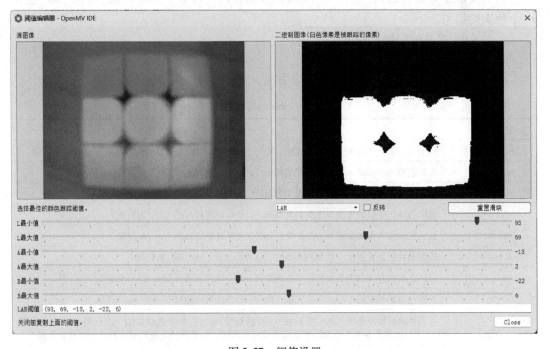

图 5-57 阈值设置

表 5-2　入口参数的具体功能及作用

参数名称	参　数　功　能
thresholds	颜色的阈值。这个参数是一个列表，可以包含多个颜色。如果只需要一个颜色，那么在这个列表中只需要有一个颜色的参数阈值，如果想要多个颜色阈值，那这个列表就需要多个颜色阈值
roi	需要检测的图片区域。roi 的格式是（x，y，w，h）的元组，x：区域中左上角的 x 坐标；y：区域中左上角的 y 坐标；w：区域的宽度；h：区域的高度
x_stride	色块的 x 方向上最小宽度的像素，默认为 2。如果只想查找 x 方向宽度 10 个像素以上的色块，那么就设置这个参数为 10
y_stride	色块的 y 方向上最小宽度的像素，默认为 1。如果只想查找 y 方向宽度 5 个像素以上的色块，那么就设置这个参数为 5
invert	反转阈值，把阈值以外的颜色作为阈值进行查找。该功能在 True 时开启，False 时关闭
area_threshold	面积阈值，如果色块被框起来的面积小于这个值，会被过滤掉
pixels_threshold	像素个数阈值，如果色块像素数量小于这个值，会被过滤掉
merge	合并，如果设置为 True，那么合并所有重叠的 blob 为一个。注意：这会合并所有的 blob，无论是什么颜色的。如果不想混淆多种颜色的 blob，只需要分别调用不同颜色阈值的 find_blobs
margin	边界，如果设置为 1，那么两个 blobs 如果间距一个像素点，也会被合并
threshold_cb	None
merge_cb	None

　　find_blobs 对象返回的是多个 blob 的列表，注意区分 blobs 和 blob，这只是一个名字，用来区分多个色块和一个色块。

　　列表类似于 C 语言的数组，一个 blobs 列表里可以包含多个 blob 对象，每个 blob 包含一个色块的信息。

　　find_blobs 对象返回例程如下：

blobs = img. find_blobs（［red］）

　　blobs 就是很多色块 blob，blob 有多个方法，具体见表 5-3。

表 5-3　blob 的方法功能

方法名称	方　法　功　能
blob. rect（）	返回这个色块的外框——矩形元组（x，y，w，h），可以直接在 image. draw_rectangle 中使用
blob. x（）	返回色块的外框的 x 坐标（数据类型 int），也可以通过 blob［0］来获取
blob. y（）	返回色块的外框的 y 坐标（数据类型 int），也可以通过 blob［1］来获取
blob. w（）	返回色块的外框的宽度 w（数据类型 int），也可以通过 blob［2］来获取
blob. h（）	返回色块的外框的高度 h（数据类型 int），也可以通过 blob［3］来获取
blob. pixels（）	返回色块的像素数量（数据类型 int），也可以通过 blob［4］来获取
blob. cx（）	返回色块的外框的中心 x 坐标（数据类型 int），也可以通过 blob［5］来获取
blob. cy（）	返回色块的外框的中心 y 坐标（数据类型 int），也可以通过 blob［6］来获取
blob. rotation（）	返回色块的旋转角度（单位为弧度）（数据类型 float）。如果色块类似一支铅笔，那么这个值为 $0 \sim \pi$。如果色块是一个圆，那么这个值是无用的。如果色块完全没有对称性，那么会得到 $0 \sim 2\pi$，也可以通过 blob［7］来获取

方法名称	方　法　功　能
blob. code( )	返回一个 16bit 数字，每一个 bit 会对应每一个阈值。举个例子：blobs = img. find_blobs（［red，blue，yellow］，merge = True）； 　　如果这个色块是红色，那么它的 code 就是 0001，如果是蓝色，那么它的 code 就是 0010。注意：一个 blob 可能是合并的，如果是红色和蓝色的 blob，那么这个 blob 就是 0011。这个功能可以用于查找颜色代码，也可以通过 blob［8］来获取
blob. count( )	如果 merge = True，那么就会有多个 blob 被合并到一个 blob，这个函数返回的就是这个数量。如果 merge = False，那么返回值总是 1。也可以通过 blob［9］来获取
blob. area( )	返回色块的外框的面积。应该等于 w ∗ h
blob. density( )	返回色块的密度。这等于色块的像素数除以外框的区域。如果密度较低，那么说明目标锁定得不是很好。比如，识别一个红色的圆，返回的 blob. pixels( ) 是目标圆的像素点数，blob. area( ) 是圆的外接正方形的面积

颜色识别程序解析：

1. # 如何识别红、绿、蓝颜色
2. import sensor,image,math　　　　　　　　　　　　　# 导入模块
3. # 颜色检测阈值设定（L Min,L Max,A Min,A Max,B Min,B Max）
4. thresholds = [(19,73,8,65,3,42),# red
5. 　　　　　　(26,76, − 50, − 18, − 12,33),　　　　　　# green
6. 　　　　　　(24,77, − 31,13, − 70, − 22)　　　　　　# blue
7. 　　　　　　]
8. sensor. reset( )　　　　　　　　　　　　　　　　# 相机初始化
9. sensor. set_pixformat(sensor. RGB565)　　　　　　# 相机图像模式设置
10. sensor. set_framesize(sensor. QQVGA)　　　　　　# 相机图像大小设置
11. while(True)：
12. 　　img = sensor. snapshot( )　　　　　　　　　　# 一帧图像的获取
13. # blobs,可以修改 pixels threshold,area threshold 色块大小的控制筛选
14. for blob in img. find_blobs(thresholds,pixels_threshold = 200,area_threshold = 200)：
15. 　　img. draw_rectangle(blob. rect( ))　　　　　　　# 色块边框绘制
16. 　　img. draw_cross(blob. cx( ),blob. cy( ))#　　　　# 色块中心点绘制
17. img. draw_keypoints([(blob. cx( ),blob. cy( ),int(math. degrees(blob. rotation( ))))],size = 20)
　　　　　　　　　　　　　　　　　　　　　　　# 色块旋转角度的绘制

5.4.1.2　线条识别

在 OpenMV 中，线条识别属于机器视觉的功能，因此线条识别的程序主要存在于 image 模块中，而其核心函数为 find_lines 函数，其具体的表述方式如下：

img. find_lines([roi[,x_stride = 2[,y_stride = 1[,threshold = 1000[,theta_margin = 25[,rho_margin = 25]]]]]])

其中 img 为图片对象（可自行定义图片对象名称，图片对象可以通过 img-sensor. snapshot( ) 获取），每个入口参数的具体功能及作用见表 5-4。

表5-4　入口参数的具体功能及作用

参数名称	参　数　功　能
roi	感兴趣区域的矩形元组（x，y，w，h）。如果未指定，ROI 即整个图像的图像矩形。操作范围仅限于 roi 区域内的像素
x_stride	霍夫变换时需要跳过的 x 像素的数量。若已知直线较大，可增加 x_stride
y_stride	霍夫变换时需要跳过的 y 像素的数量。若已知直线较大，可增加 y_stride
threshold	控制从霍夫变换中监测到的直线。只返回大于或等于阈值的直线。应用程序的阈值正确值取决于图像。注意：一条直线的大小是组成直线所有索贝尔滤波像素大小的总和
theta_margin	控制所监测的直线的合并。直线角度为 theta_margin 的部分和直线 p 值为 rho_margin 的部分合并
rho_margin	控制所监测的直线的合并。直线角度为 theta_margin 的部分和直线 p 值为 rho_margin 的部分合并

find_lines 返回的是多个 line 的列表。

line 对象有多个方法，见表5-5。

表5-5　line 对象的方法及功能

方法名称	方　法　功　能
line. line()	返回一个直线元组（xl，yl，x2，y2），可以直接在 image. draw_line 中使用
line. x1()	返回直线的 p1 顶点 x 坐标，也可以通过 line［0］来获取
line. y1()	返回直线的 p1 顶点 y 坐标，也可以通过 line［1］来获取
line. x2()	返回直线的 p2 顶点 x 坐标，也可以通过 line［2］来获取
line. y2()	返回直线的 p2 顶点 y 坐标，也可以通过 line［3］来获取
line. length()	返回直线长度，即 sqrt(((x2−x1)^2)+((y2−y1)^2))，也可以通过 line[4]来获取
line. magnitude()	返回霍夫变换后的直线的长度，也可以通过 line［5］来获取
line. theta()	返回霍夫变换后的直线的角度（0~179°），也可以通过 line［7］来获取
line. rho ()	返回霍夫变换后的直线 ρ 值，也可以通过 line［8］来获取

线条识别程序解析：

```
1. # 如何识别直线
2. import sensor,image                          # 导入模块
3. sensor. reset()                              # 相机初始化
4. sensor. Set_pixformat( sensor. RGB565)       # 相机图像模式的设置
5. sensor. set_framesize( sensor. QQVGA)        # 相机图像大小的设置
6. min_degree = 0                               # 直线最大、最小角度的筛选
7. max_degree = 179
8. while( True) :
9. img = sensor. snapshot( )                    # 一帧图像的获取
10. # lines
11. for l in img. find_lines( threshold = 1000 ,theta_margin = 25 ,rho_margin = 25) :
12. # 筛选直线
13. if ( min_degree < = l. theta( ) )and ( l. theta( ) < = max_degree) :
14. img. draw_line( l. line( ) ,color = (255,0,0) )
15. # 筛选后的直线进行绘制
```

5.4.1.3 二维码识别

在 OpenMV 中，二维码识别也属于机器视觉的功能，因此二维码识别的程序主要存在于 image 模块中，而其核心函数为 find_qrcodes 函数，其具体的表述方式如下：

img. find_grcodes( )

其中 img 为图片对象，可自行定义名称，图片对象可以通过 img = sensor. snapshot( ) 获取，该函数无须填写参数。find_qrcodes 返回的是多个 qrcode 的列表。qrcode 对象有多个方法，见表 5-6。

表 5-6　qrcode 对象的方法及功能

方法名称	方　法　功　能
qrcode. corners( )	返回一个由该对象的 4 个角组成的 4 个元组(x, y)的列表。4 个角通常是按照从左上角开始沿顺时针顺序返回的
qrcode. rect( )	返回一个矩形元组(x, y, w, h)，用于如二维码的边界框的 image. draw_rectangle 等其他的 image 方法
qrcode. x( )	返回二维码的边界框的 x 坐标(int)，也可以通过 qrcode[0] 来获取
qrcode. y( )	返回二维码的边界框的 y 坐标(int)，也可以通过 qrcode[1] 来获取
qrcode. w( )	返回二维码的边界框的 w 坐标(int)，也可以通过 qrcode[2] 来获取
qrcode. h( )	返回二维码的边界框的 h 坐标(int)，也可以通过 qrcode[3] 来获取
qrcode. payload( )	返回二维码有效载荷的字符串，例如 URL，也可以通过 qrcode[4] 来获取
qrcode. version( )	返回二维码的版本号(int)，也可以通过 qrcode[5] 来获取
qrcode. mask( )	返回二维码的掩码(int)，也可以通过 qrcode[7] 来获取
qrcode. data_type( )	返回二维码的数据类型，也可以通过 qrcode[8] 来获取
qrcode. eci( )	返回二维码的 ECI。ECI 存储了 QR 码中存储数据字节的编码。若想要处理包含超过标准 ASCⅡ 文本的二维码，需要查看这一数值，也可以通过 qrcode[9] 来获取
qrcode. is_numeric( )	若二维码的数据类型为数字式，则返回 True
qrcode. is_alphanumeric( )	若二维码的数据类型为文字数字式，则返回 True
qrcode. is_binary( )	若二维码的数据类型为二进制式，则返回 True。如果认真处理所有类型的文本，则需要检查 ECI 是否为 True，以确定数据的文本编码。通常它只是标准的 ASCⅡ，但是它也可能是有两个字节字符的 UTF8
qrcode. is_kanji( )	若二维码的数据类型为日本汉字，则返回 True。设置为 True 后，就需要自行解码字符串，因为日本汉字符号每个字符是 10 位，而 MicroPython 不支持解析这类文本

二维码程序解析：

1. # 如何在图像中检测二维码
2. import sensor, image　　　　　　　　# 导入模块
3. sensor. reset( )　　　　　　　　　　# 相机初始化
4. sensor. set_pixformat(sensor. RGB565)　# 相机图像模式的设置
5. sensor. set_framesize(sensor. QQVGA)　# 相机图像大小的设置
6. while(True) :

```
7. img = sensor. snapshot( )                    # 一帧图像的获取
8. for code in img. find_qrcodes( ):            # 遍历所有二维码
9.   print(code)                                # 打印二维码数据
```

5.4.1.4　形状识别

在 OpenMV 中，圆形识别属于机器视觉下辖的功能，因此圆形识别的程序主要存在于 image 模块中，而其核心函数为 find_circles 函数，其具体的表述方式如下：

img. find_circles（［roi,x_stride = 2［,y_stride = 1［,threshold = 2000［,

x_margin = 10［,y_margin = 10［,r_margin = 10［,r_min = 2［,

r_max［,r_step = 2］］］］］］］］］）

其中 img 为图片对象，可自行定义名称，图片对象可以通过 img = sensor. snapshot( ) 获取，每个入口参数的具体功能及作用见表 5-7。

表 5-7　入口参数的具体功能及作用

参数名称	参　数　功　能
roi	是感兴趣区域的矩形元组（x，y，w，h）。如果未指定，ROI 即整个图像的图像矩形。操作范围仅限于 roi 区域内的像素
x_stride	是霍夫变换时需要跳过的 x 像素的数量。若已知圆较大，可增加 x_stride
y_stride	是霍夫变换时需要跳过的 y 像素的数量。若已知圆较大，可增加 y_stride
threshold	控制从霍夫变换中监测到的圆。只返回大于或等于阈值的圆
x_margin	控制所检测的圆的合并。圆像素为 x_margin、y_margin 和 r_margin 的部分合并
y_margin	控制所检测的圆的合并。圆像素为 x_margin、y_margin 和 r_margin 的部分合并
r_margin	控制所检测的圆的合并。圆像素为 x_margin、y_margin 和 r_margin 的部分合并
r_min	控制检测到的最小圆半径。增加此参数值来加速算法。默认为 2
r_max	控制检测到的最大圆半径。减少此参数值以加快算法。默认为最小（roi. w/2，roi. h/2）
r_step	控制如何逐步检测半径。默认为 2

find_circles 返回的是多个 circle 的列表。

circle 对象有多个方法，见表 5-8。

表 5-8　circle 对象的方法及功能

方法名称	方　法　功　能
circle. x( )	返回圆的 x 位置，也可以通过 circle[0] 来获取
circle. y( )	返回圆的 y 位置，也可以通过 circle[1] 来获取
circle. r( )	返回圆的半径，也可以通过 circle[2] 来获取
circle. magnitude( )	返回圆的大小，也可以通过 circle[3] 来获取

在 OpenMV 中，矩形识别也属于机器视觉的功能，因此圆形识别的程序主要也在 image 模块中，而其核心函数为 find_rects 函数，其具体的表述方式如下：

img. find_rects（［roi = Auto,threshold = 10000］）

其中 img 为图片对象，可自行定义名称，图片对象可以通过 img = sensor. snapshot( ) 获取，每个入口参数的具体功能及作用见表 5-9。

表 5-9 入口参数的具体功能及参数

参数名称	参 数 功 能
roi	是感兴趣区域的矩形元组（x，y，w，h）。如果未指定，ROI 即整个图像的图像矩形。操作范围仅限于 roi 区域内的像素
threshold	边界大小小于 threshold 的矩形会从返回列表中过滤出来

find_rects 返回的是多个 rect 的列表。

rect 对象有多个方法，见表 5-10。

表 5-10 rect 对象的方法及功能

方法名称	方 法 功 能
rect. corners( )	返回一个由矩形对象的四个角组成的四个元组（x，y）的列表。四个角通常是按照从左上角开始沿顺时针顺序返回的
rect. rect( )	返回一个矩形元组（x，y，w，h），用于如矩形的边界框的 image. draw_rectangle 等其他的 image 方法
rect. x( )	返回矩形的左上角的 x 位置，也可以通过 rect [0] 来获取
rect. y( )	返回矩形的左上角的 y 位置，也可以通过 rect [1] 来获取
rect. w( )	返回矩形的宽度，也可以通过 rect [2] 来获取
rect. h( )	返回矩形的高度，也可以通过 rect [3] 来获取
rect. magnitude( )	返回矩形的模，也可以通过 rect [4] 来获取

圆形检测程序解析：

```
1. # 如何用霍夫变换在图像中检测到圆
2. import sensor,image                              # 导入模块
3. sensor. reset( )                                 # 相机初始化
4. sensor. set_pixformat( sensor. RGB565 )          # 相机图像模式的设置
5. sensor. set_framesize( sensor. QQVGA )           # 相机图像大小的设置
6. sensor. skip_frames( time = 2000 )
7. clock = time. clock( )
8. while( True ) :
9. clock. tick( )
10. # lens_corr( 1. 8 )
11. img = sensor. snapshot( ). lens_corr( 1. 8 )
12. for c in img. find circles( threshold = 3500, x_margin = 10, y_margin = 10, r_margin = 10, r_ min = 2, r_
max = 100, r_step = 2) :
13. img. draw_circle( c. x( ), c. y( ), c. r( ), color = ( 255, 0, 0 ) )   # 色块边框的绘制
14. print( c )
```

矩形检测程序解析：

```
1. # 以四元检测算法的方式检测矩形
2. import sensor,image                              # 导入模块
3. sensor. reset( )                                 # 相机初始化
4. sensor. set_pixformat( sensor. RGB565 )          # 相机图像模式设置
```

5. sensor. set_framesize(sensor. QQVGA)　　　　　　　　　　　# 相机图像大小设置

6. while(True) :

7. img = sensor. snapshot( )

8. # 修改 threshold, 控制筛选的矩形

9. for r in img. find_rects(threshold = 10000) :

10. img. draw_rectangle(r. rect( ) , color = (255, 0, 0))　　　　　　　　# 绘制识别矩形

11. for p in r. corners( ) : img. draw_circle(p[0] , p[1] , 5, color = (0, 255, 0))

12. # 绘制矩形角点

13. print(r)

视频 5.4.2.1

5.4.2　基于树莓派的视觉识别

5.4.2.1　颜色识别

用树莓派进行颜色识别，在软件上需要借助 opencv-python 库函数对图形进行阈值处理，而 OpenCV 的颜色模式主要采用 HSV 模式，该模式中的颜色参数分别为色调（H）、饱和度（S）、亮度（V）。

颜色可以直接通过 H 进行判断，在 OpenCV 中的取值范围为 0 ~ 180；饱和度 S 一般用于描述颜色的深度，以红色为例，主观上会描述浅红色、大红色、深红色等，其取值范围为 0 ~ 255；亮度 V 用于描述颜色的明暗程度，通常可以理解为颜色是否鲜艳或者暗淡，其取值范围为 0 ~ 255。

使用树莓派进行图像处理的步骤基本一致，操作步骤如下。

步骤 1：硬件准备，开启树莓派，并将 USB 摄像头插入 USB 口。

步骤 2：打开树莓派系统自带的 Python 开发环境 Thonny，如图 5-58 所示。

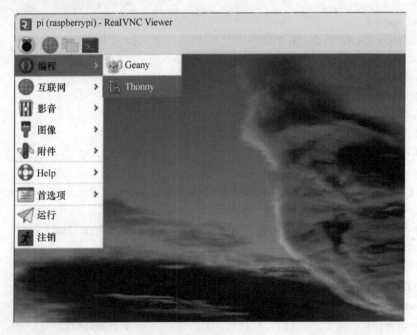

图 5-58　开启 Thonny

步骤 3：写入相关程序，并保存（本例取名为 first_exp. py），如图 5-59 所示。

```
import cv2
import numpy as np

camera = cv2.VideoCapture(0)
(ret,img)=camera.read()
cv2.imshow('image1',img)
img_hsv = cv2.cvtColor(img,cv2.COLOR_BGR2HSV)
green_lower = np.array([36,120,150])
green_upper = np.array([77,255,250])
mask = cv2.inRange(img_hsv,green_lower,green_upper)
cv2.imshow('image3',mask)
cv2.waitKey(0)
camera.release()
cv2.destroyAllWindows()
```

Shell ✕

nCV | GStreamer warning: Cannot query video position: status=0, value=-1
, duration=-1
>>>

Local Python 3 · /usr/bin/python3

图 5-59　程序编写

步骤 4：运行程序，并查看程序效果，如图 5-60 所示。

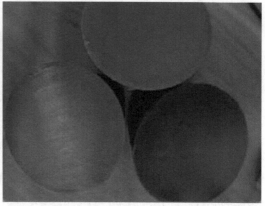

图 5-60　运行程序

步骤 5：单击 Thonny 软件上的"红色按钮"停止程序运行，如图 5-61 所示。

颜色识别涉及的所有 OpenCV 函数及数据结构，请参考《OpenCV 官方教程（For Python）》。具体代码如下：

```
import cv2
import numpy as np

camera = cv2. VideoCapture(0)                    # 创建名称为 camera 的摄像头
```

```
(ret,img) = camera. read( )              # 通过摄像头获取图片并保存至 img 中
cv2. imshow('image1',img)                # 在名字为 image1 的窗口中显示图片 img
img_hsv = cv2. cvtColor(img,cv2. COLOR_BGR2HSV)   # 将图片颜色模式转化为 HSV 模式
green_lower = np. array([25,120,150])    # 设置 HSV 参数下限
green_upper = np. array([66,255,250])    # 设置 HSV 参数上限
mask = cv2. inRange(img_hsv,green_lower,green_upper)   # 根据参数对图片进行掩膜操作
cv2. imshow('image3',mask)               # 将掩膜操作后的图片结果显示在窗口
                                              image3 中

cv2. waitKey(0)                          # 等待任意按钮按下
camera. release( )                       # 释放所有摄像头
cv2. destroyAllWindows( )                # 关闭所有显示窗口
```

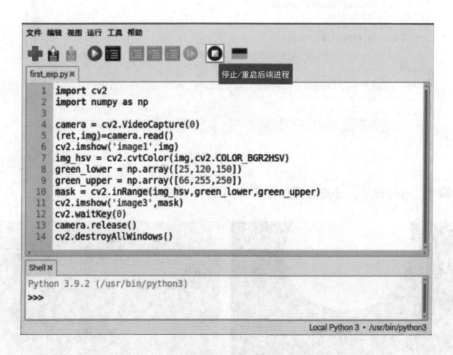

图 5-61　停止程序运行

为了后续方便设置颜色识别的参数范围，此处推荐类似 OpenMV 中"阈值编辑器"功能的软件，操作方法也一样，但是增加了 HSV 的颜色模式，将需要操作的图片直接拖拽到软件界面上便可打开图片，软件使用的界面如图 5-62 所示。

5.4.2.2　形状识别

在实际应用场合中，有时需要自动检测出图片中目标对应的形状，然后根据需求信息快速找到目标，如果需要同时分析目标的颜色与形状，

视频 5.4.2.2

颜色识别可以根据上一节的内容进行操作，如果单纯只是需要做形状的识别，可以将图片颜色模式转化为灰度再进行处理，这样能极大减小计算量。假定需要识别图像中三角形的物体，如图 5-63 所示，具体的处理步骤如下。

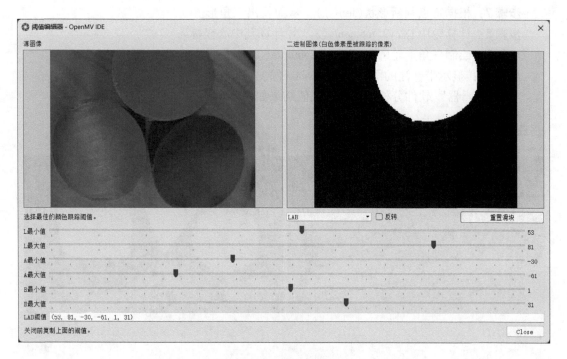

图 5-62　阈值编辑器

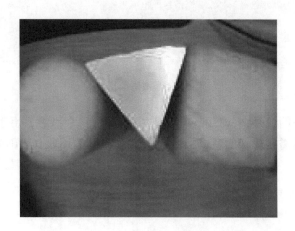

图 5-63　形状识别样图

步骤 1：导入图片（图片可以是摄像头拍摄，也可是保存于特定目录下的图片文件），并将图片颜色模式转化为灰度模式。

步骤 2：使用"阈值编辑器"软件分析图片灰度阈值，并记录灰度阈值。

步骤 3：根据灰度阈值参数，进行阈值分割（cv2. threshold( )）。

步骤 4：根据阈值分割结果，在二值化图中寻找外形轮廓。

步骤 5：遍历每一个外形轮廓，并将轮廓面积（cv2. contourArea( )）过小的图过滤掉。

步骤 6：计算轮廓周长（cv2. arcLength( )），然后根据周长设置参数，通过多边拟合选择近似轮廓（cv2. approxPolyDP( )），并单独获取轮廓（imutils. grab_contours( )）。

步骤7：根据定点判断形状(len( ))，从而找出三角形。

步骤8：计算轮中心 cv2. moments( )，并计算其中心坐标。

步骤9：绘制三角形轮廓(cv2. drawContours( ))，并标注(cv2. putText( ))。

步骤10：显示带标注的图片(cv2. imshow( ))。

"阈值编辑器" 软件分析图片灰度阈值结果如图 5-64 所示。

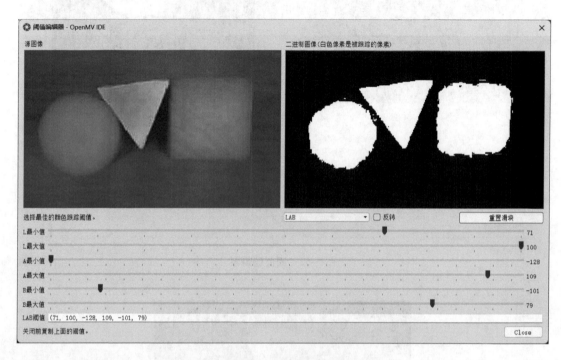

图 5-64　阈值编辑器

此处需要特别说明的是，cv2. threshold( )中的最后一个参数，由于图片为白底，因此在根据阈值二值化后需要反转颜色，因此这个参数选择 THRESH_BINARY_INV. 具体程序如下：

```
import cv2
import numpy as np
import imutils
img = cv2. imread('. /Third_Exp_img. jpg ')
img_gray = cv2. cvtColor(img,cv2. COLOR_BGR2GRAY)          # 将图片颜色模式转换为灰度模式
ret,thresh = cv2. threshold(img_gray,127,255,cv2. THRESH_BINARY_INV)
cv2. imshow('image3 ',thresh)                              # 进行二值化处理、颜色反转并显示结果
cnts = cv2. findContours(thresh,cv2. RETR_EXTERNAL,cv2. CHAIN_APPROX_SIMPLE)
cnts = imutils. grab_contours(cnts)                       # 获取轮廓信息
for c in cnts:
    if cv2. contourArea(c) < 200:                         # 通过面积过滤轮廓
        peri = cv2. arcLength(c,True)                     # 多边拟合参数准备,周长计算
        approx = cv2. approxPolyDP(c,0. 04 * peri,True)    # 多边拟合
```

```
            if len(approx) = = 3:                          # 通过线段端点判定形状
                shape = " triangle "
                M = cv2. moments(c)                         # 计算轮廓中心
                cx = int(M[" m10 "]/M[" m00 "])
                cy = int(M[" m01 "]/M[" m00 "])             # 获取轮廓中心具体坐标
                cv2. drawContours(img,[c], -1,(0,255,0),2)  # 在原图上绘制轮廓
```

```
cv2. putText(img,shape,(cx,cy),cv2. FONT_HERSHEY_SIMPLEX,0. 5,(255,255,255),2)
        # 在原图上标注形状名字
        cv2. imshow(' img_result ',img)
        cv2. waitKey(0)
        cv2. destroyAllWindows( )
```

5.4.2.3　二维码识别

视频 5.4.2.3

常用二维码识别的开源库主要有 ZBar 与 ZXing 两种，两种的识别成功率差不多，识别速度 ZBar 要优于 ZXing，但是目前 ZBar 不支持 Python 3，因此选择一个基于 ZBer 库创作出来，并同时适用于 Python 2 与 Python3 的条码识别库 pyzbar。

在树莓派上安装 pyzbar，可在终端直接输入安装命令：sudo pip3 install pyzbar，为了增强对图像的处理，还可以安装 PIL（python imaging library）库，PIL 是 Python 中一个强大的图像处理库，但目前其只支持到 Python 2.7，因此转而安装 PIL 库的分支 pillow 库，虽是分支，但是其图像处理能力也不弱于 PIL。

在树莓派上安装 pillow 库，也可以直接在终端输入安装命令：sudo pip3 install pillow，但是如果在其他安装包中已经包含了这个库，则会提示已经安装。

二维码的识别步骤如下。

步骤 1： 导入图片，并将图片颜色模式转化为灰度模式。这里图片可以是摄像头拍摄，也可是保存于特定目录下的图片文件。

步骤 2： 识别图片中的二维码信息（pyzbar. decode( )）。

步骤 3： 提取二维码边框位置信息，并根据边框信息绘制边框。

步骤 4： 提取二维码数据为字节对象。

步骤 5： 提取二维码类型。

步骤 6： 在原图像上标注二维码信息及二维码类型。

步骤 7： 输出二维码信息及二维码类型。

具体程序如下：

```
import cv2
import numpy as np
import pyzbar. pyzbar as pyzbar
camera = cv2. VideoCapture(0)                    # 创建名称为 camera 的摄像头
while True:
    (ret,img) = camera. read( )                  # 摄像头获取图片并保存于 img
img_gray = cv2. cvtColor(img,cv2. COLOR_BGR2GRAY)  # 图片颜色模式转换
        barcodes = pyzbar. decode(img_gray)
```

```
# 识别图片中的二维码
for barcode in barcodes：
        (x,y,w,h) = barcode. rect                                    # 提取二维码外框坐标及尺寸
        cv2. rectangle(img,(x,y),(x + w,y + h),(0,0,255),2)          # 在图片上绘制外框
        barcodeData = barcode. data. decode("utf-8")                 # 提取二维码内容
        barcodeType = barcode. type                                  # 提取二维码类型
        text = "｛｝(｛｝)". format(barcodeData,barcodeType)
        cv2. putText(img,text,(x,y-10),cv2. FONT_HERSHEY_SIMPLEX,0. 5,(255,0,0),2)
                                                                     # 将二维码内容与类型打印到图片上
        print("[INFO] Found｛｝ barcode:｛｝". format(barcodeType,barcodeData))
        cv2. imshow('img result',img)
    key_num = cv2. waitKey(0)                                         # 等待按钮,并将按钮值赋给 key num
    if key_num = = ord('q'):                                          # 判断按钮是否为 q,如果是则退出
        break
    cv2. destroyAllWindows()
camera. release()                                                    # 释放摄像头
cv2. destoryALLWindows()
```

本例中所涉及的二维码原始图片如图 5-65 所示。将该图片复制到手机上,并以手机屏幕显示,通过连接树莓派的摄像头拍摄后得到的图片如图 5-66 所示,将二维码识别得到的二维码类型与二维码内容直接打印在图片上,Python 最终的输出内容如图 5-67 所示。

图 5-65　二维码图片内容为 OpenCV　　　　图 5-66　树莓派处理二维码

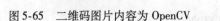

图 5-67　显示扫描结果

在二维码的识别过程中,如果直接使用 pyzbar. decode() 函数识别图片中的二维码,有时会发现识别成功率较低,这时需要通过对二维码图片的预处理来有效提高识别正确率。简单的处理方法为使用 OpenCV 的滤波函数配合阈值函数 threshold() 或者自适应阈值函数 adaptiveThreshold() 对图片进行二值化处理,然后再用 pyzbar. decode() 函数识别图片中的二维码,便可以做到使识别成功率大大提升。另外,在使用 OpenCV 进行图像处理时,如果二维码内容包含中文,则 Python 输出的二维码类型与内容都是正常的,但是标注在图片上的中文则显示乱码,这是由于 OpenCV 不支持中文导致的,这时需要在图片上通过 OpenCV 函数进行文字标注,尽量采用英文标注。

复习思考题

5-1　简述数字图像处理、分析和识别的关系。

5-2　以 OpenMV3 R2 为例说明更改阈值的步骤。

5-3　简述基于树莓派进行颜色识别的基本步骤。

6 工程搬运小车的程序设计

创客，英文是"Maker"。简单来说，就是通过动手实践，把自己的创意变成现实的人。Arduino 控制板因为其简单易上手、配套资源丰富等优势成为创客实现创意的首选工具。通过搭建机械结构，再结合 Arduino 进行电子控制，实现具有一定功能的电子互动产品，例如使用 Arduino Mega 2560 制作 3D 打印机、四轴飞行器、工程搬运 xiao 车等。什么是 Arduino？Arduino 是一个开源的、拥有简单输入/输出功能的电路板，它使用开源 IDE（集成开发环境）。

本章首先介绍了 Arduino 的开发环境、如何安装驱动程序、软件的使用和语言及程序结构；通过语音播报模块、OLED 显示屏模块和无线通信模块的控制介绍了 Arduino 的 I/O 口控制方法，为后面小车底盘和机械臂的调试打下基础。

6.1 Arduino 软件介绍

6.1.1 下载配置 Arduino 开发环境

视频 6.1.1

在开始使用 Arduino 之前，需要在电脑上安装 Arduino 的集成开发环境（以下简称 IDE）。如图 6-1 所示。

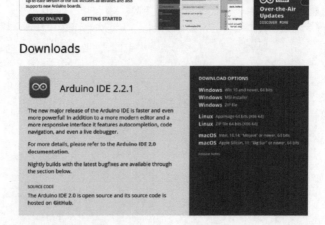

图 6-1　Arduino IDE 下载页面

　　在 Windows 系统下，可以单击 Windows Installer 下载安装包，并指定地址安装 Arduino
IDE；也可以下载 ZIP 压缩包，解压文件到任意位置，然后双击 Arduino. exe 文件进入
Arduino IDE。

　　在 Mac OSX 系统下，下载并解压 ZIP 文件，双击 Arduino. app 文件进入 Arduino IDE。
如果还没有安装过 JAVA 运行库，则系统会提示进行安装，安装完成后即可运行
Arduino IDE。

　　在 Linux 系统下，需要使用 make install 命令进行安装，如果使用的是 Ubuntu 系统，
则推荐直接使用 Ubuntu 软件中心来安装 Arduino IDE。

6.1.2　认识 Arduino IDE

　　如图 6-2 所示，进入 Arduino IDE 之后，首先出现的是 Arduino IDE 的启动画面。

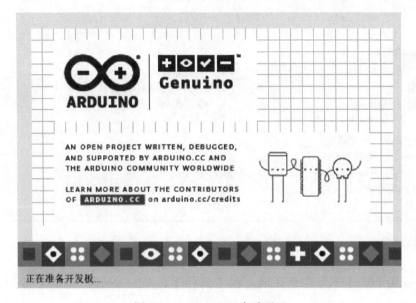

图 6-2　Arduino IDE 启动画面

　　如图 6-3 所示，几秒后，可以看到一个简单明了的窗口。

```
void setup() {
  // put your setup code here, to run once:

}

void loop() {
  // put your main code here, to run repeatedly:

}
```

图 6-3　Arduino IDE 界面

新版本 IDE 默认语言为系统预设语言，若下载老版本则需修改系统语言，方法为：选择 File→Preferences 菜单项，在弹出的 Preferences 窗口（见图 6-4）中设置 IDE 语言，如简体中文（Chinese Simplified）。关闭 IDE 并重启，界面会变成中文显示 1.5X 以上版本新增加了行号显示，1.6X 以上版本新增加了代码折叠功能如图 6-3 所示。

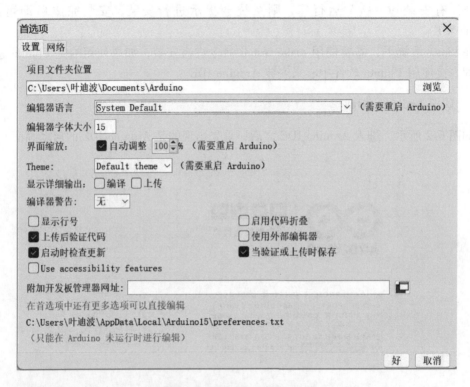

图 6-4　ArduinoIDE 语言设置

Arduino IDE 窗口分为几个区域。在工具栏上，Arduino IDE 提供了常用功能的快捷键。

校验（Verify），验证程序是否编写无误，若无误则编译该项目。

下载（Upload），下载程序到 Arduino 控制器上。

新建（New），新建一个项目。

打开（Open），打开一个项目。

保存（Save），保存当前项目。

串口监视器（Serial Monitor），IDE 自带的一个简单的串口监视器程序，用它可以查看串口发送或接收到的数据。

相对于 IAR、Keil 等专业的硬件开发环境，Arduino 的开发环境给人以简单明了的感觉，但正是这种简单，省去了很多不常用的功能，使得基础知识不多的使用者更容易上手。

Arduino IDE 界面功能解析如图 6-5 所示。

图 6-5   Arduino IDE 界面功能解析

对于一个专业的开发人员，或者正准备使用 Arduino 开发一个大型项目的人来说，推荐使用 Visual Studio、Eclipse 等更为专业的开发环境进行开发。当然，第三方的开发环境都需要下载相应的 Arduino 插件并进行配置。

6.1.3   安装 Arduino 驱动程序

如果使用的是 Arduino UNO、Arduino MEGA r3、Arduino Leonardo 或者这些型号对应的兼容控制器，并且计算机系统为 Mac OS 或者 Linux，那么只需要使用 USB 连接线，并插上 Arduino 控制器，系统会自动安装驱动，安装完成后即可使用。

视频 6.1.3

其他型号的控制器或者 Windows，系统则需要手工安装驱动程序。

在 Windows 中安装驱动的方法如下。

（1）如图 6-6 所示，当使用 USB 线缆连接上 Arduino 后，计算机右下角会弹出气泡提示。

（2）通过用鼠标右键单击选择"计算机"→"属性"→"设备管理器"，打开设备管理器界面，这时会看到一个图 6-7 所示的"未知设备"。

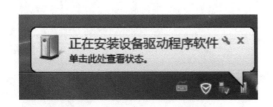

图 6-6   Arduino 驱动安装提示

图 6-7   设备管理器显示"未知设备"

（3）双击"未知设备"，并单击"更新驱动程序"按钮，如图 6-8 所示。

图 6-8　驱动安装步骤 1

（4）如图 6-9 所示，在弹出的对话框中单击"浏览计算机以查找驱动程序软件"。

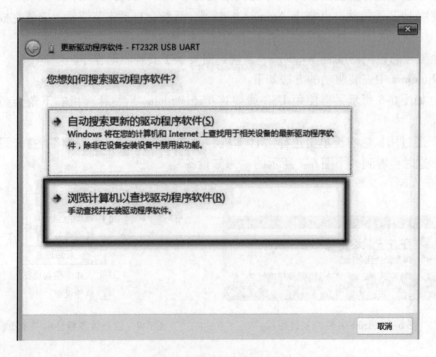

图 6-9　驱动安装步骤 2

（5）如图 6-10 所示，选择驱动所在的地址（即 Arduino 安装目录下的 drivers 文件夹），并单击"下一步"按钮，开始安装驱动。

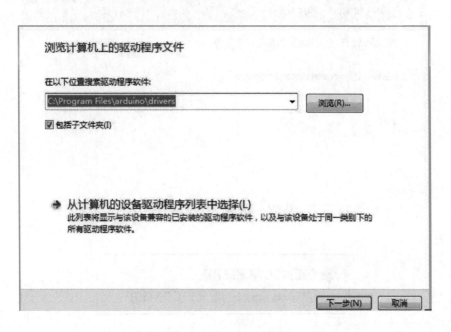

图 6-10　驱动安装步骤 3

（6）如果要安装的 Arduino IDE 版本较老，则在安装过程中会弹出图 6-11 所示的 Windows 安全提示，此时单击"始终安装此驱动程序软件"。

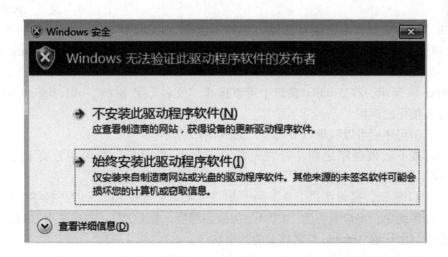

图 6-11　驱动安装步骤 4

（7）如图 6-12 所示，安装完成后会显示提示信息。

（8）如图 6-13 所示，此时在设备管理器中可以看到 Arduino 控制器所对应的 COM 口。记下该串口号，后面很快就会用到它。

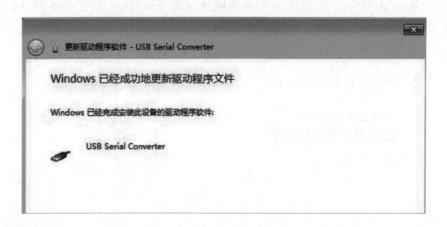

图 6-12　驱动安装成功提示

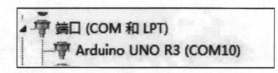

图 6-13　设备管理器显示

6.2　Arduino 软件使用

视频 6.2

Hello World 是所有编程语言的第一课，不过在 Arduino 中，Hello World 叫作 Blink。Arduino 提供了很多示例代码，使用这些示例代码，可以很轻松地开始 Arduino 的学习之旅。

如图 6-14 所示，在 Arduino 窗口中可以选择"文件"→"示例"→01. Basics→Blink 菜单项打开要使用的例程。

打开示例程序后可以看到以下代码，如图 6-15 所示。

在编译或下载该程序之前，需要先在"工具"→"板卡"菜单中选择正在使用的 Arduino 控制器型号，如图 6-16 所示。

如图 6-17 所示，接着在"工具"→"串口"菜单中选择 Arduino 控制器对应的串口。在 Windows 系统中，串口名称为"COM"加数字编号，如 COM3。在选择串口时，需要查看设备管理器中所选 Arduino 控制器对应的串口号。

板卡和串口设置完成后，就可以在 IDE 的右下角看到当前设置的 Arduino 控制器型号及对应串口了。

接着单击 校验（Verify）工具按钮，IDE 会自动检测程序是否正确，如果程序无误，则调试提示区会依次显示"编译程序中"和"编译完毕"。

当编译完成后，将会看到图 6-18 所示的提示信息。

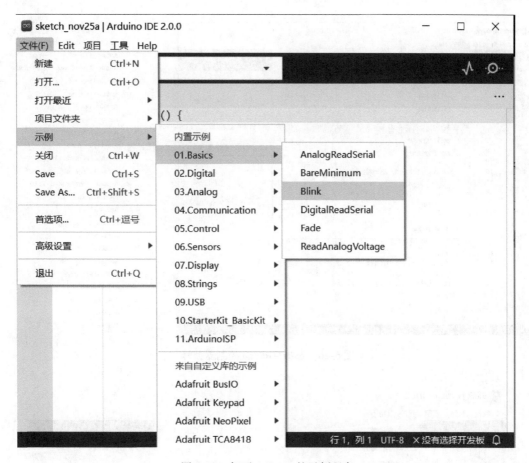

图 6-14　打开 Arduino 的示例程序

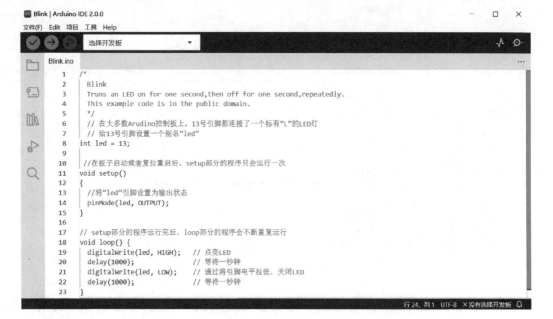

图 6-15　示例程序代码

图 6-16　选择 Arduino 控制器型号

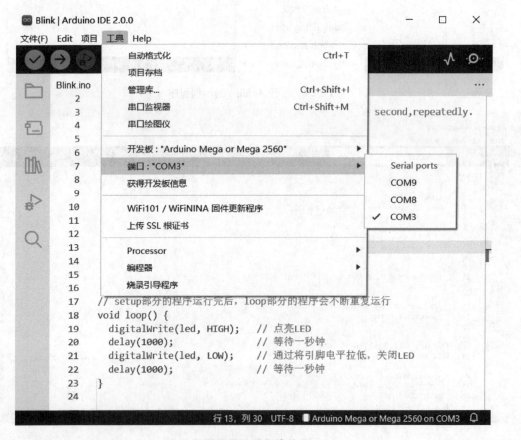

图 6-17　选择串口

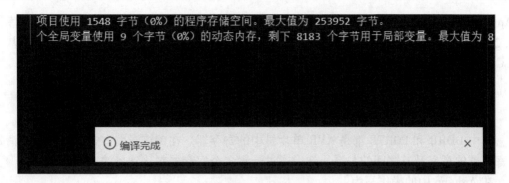

图 6-18 编译提示

在图 6-18 中，"1548 字节"为当前程序编译后的大小，"最大 253952 字节"表示当前控制器可使用的 Flash 程序存储空间的大小。如果程序有误，则调试提示区会显示相关错误提示。

单击 下载（Upload）工具按钮，调试提示区会显示"编译程序中"，很快该提示会变成"下载中"，此时 Arduino 控制器上标有 TX、RX 的两个 LED 会快速闪烁，这说明当前程序正在被写入 Arduino 控制器中。

当显示"下载完毕"时，会看到图 6-19 所示的提示。

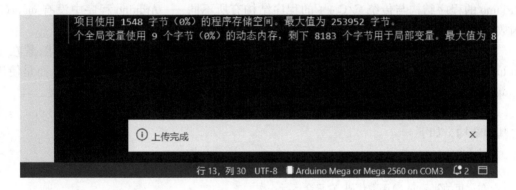

图 6-19 下载提示

此时就可以看到该段程序的效果了——板子上的 LED 正在按照设定程序闪烁。

6.3 Arduino 语言及程序结构

6.3.1 Arduino 语言

Arduino 使用 C/C++语言编写程序，虽然 C++兼容 C 语言，但是这两种语言又有所区别。C 语言是一种面向过程的编程语言，C++是一种面向对象的编程语言。早期的 Arduino 核心库使用 C 语言编写，后来引进了面向对象的思想，目前最新的 Arduino 核心库采用 C 与 C++混合编程。

通常所说的 Arduino 语言，是指 Arduino 核心库文件提供的各种应用程序编程接口

（Application Programming Interface，API）的集合。这些 API 是对更底层的单片机支持库进行二次封装所形成的。例如，使用 AVR 单片机的 Arduino 核心库是对 AVR-Libc（基于 GCC 的 AVR 支持库）的二次封装。

在传统 AVR 单片机开发中，将一个 I/O 口设置为输出高电平状态需要以下操作：

$$DDRB| = (1 << 5);$$
$$PORTB| = (1 << 5);$$

其中 DDRB 和 PORTB 都是 AVR 单片机中的寄存器。在传统开发方式中，需要厘清每个寄存器的意义及其之间的关系，然后通过配置多个寄存器来达到目的。

在 Arduino 中的操作写为：

$$pinMode(13,OUTPUT);$$
$$digitalWrite(13,HIGH)$$

这里，pinMode 即是设置引脚的模式，这里设定了 13 脚为输出模式；而 digitalWrite（13，HIGH）则是使 13 脚输出高电平数字信号。这些封装好的 API 使得程序中的语句更容易被理解，因此可以不用理会单片机中繁杂的寄存器配置就能直观地控制 Arduino，在增强了程序可读性的同时，也提高了开发效率。

6.3.2　Arduino 程序结构

在上一节已经看到了第一个 Arduino 程序 Blink，如果曾经使用过 C/C++ 语言就会发现，Arduino 的程序结构与传统 C/C++ 的程序结构有所不同——Arduino 程序中没有 main( ) 函数。

其实并不是 Arduino 程序中没有 main( ) 函数，而是 main( ) 函数的定义隐藏在了 Arduino 的核心库文件中。在进行 Arduino 开发时一般不直接操作 main( ) 函数，而是使用 setup( ) 和 loop( ) 这两个函数。

可以通过选择 "文件"→"示例"→01. Basics→BareMinimum 菜单项来看 Arduino 程序的基本结构，如下：

```
Void setup( )
{
//在这里填写 setup( )函数代码,它只会运行一次
}
Void loop( )
{
//在这里填写 loop( )函数代码,它会不断重复运行
}
```

Arduino 程序的基本结构由 setup( ) 和 loop( ) 两个函数组成。

（1）setup( ) 函数。Arduino 控制器通电或复位后，即会开始执行 setup( ) 函数中的程序，该程序只会执行一次。

通常是在 setup( ) 函数中完成 Arduino 的初始化设置，如配置 I/O 口状态和初始化串口等操作。

（2）loop( ) 函数。setup( ) 函数中的程序执行完毕后，Arduino 会接着执行 loop( ) 函数中的程序。而 loop( ) 函数是一个死循环，其中的程序会不断地重复运行。

通常是在 loop( ) 函数中完成程序的主要功能，如驱动各种模块和采集数据等。

6.4　Arduino I/O 口的控制

数字信号是以 0、1 表示的不连续信号，也就是以二进制形式表示的信号。在 Arduino 中数字信号用高低电平来表示，高电平为数字信号 1，低电平为数字信号 0。

Arduino 上每一个带有数字编号的引脚都是数字引脚，包括写有 "A" 编号的模拟输入引脚。使用这些引脚可以完成输入/输出数字信号的功能。

在使用输入或输出功能前，需要先通过 pinMode( ) 函数配置引脚的模式为输入模式或输出模式，即

$$pinMode(pin,mode);$$

其中，参数 pin 为指定配置的引脚编号，参数 mode 为指定的配置模式。可使用的三种模式见表 6-1。

表 6-1　Arduino 引脚可配置的模式

模式名称	说　明
INPUT	输入模式
OUTPUT	输出模式
INPUT_PULLUP	输入上拉模式

之前在 Blink 程序中使用到的 pinMode（13，OUTPUT）语句，就是把 13 号引脚配置为输出模式。

配置为输出模式以后，还需要使用 digitalWrite( ) 函数使该引脚输出高电平或低电平。其调用形式为：

$$digitalWrite(pin,value);$$

其中，参数 pin 为指定输出的引脚编号，参数 value 为要指定的输出电平，使用 HIGH 指定输出高电平，使用 LOW 指定输出低电平。

Arduino 中输出的低电平为 0 V，输出的高电平为当前 Arduino 的工作电压，例如 UNO 的工作电压为 5 V，则其高电平输出也是 5 V。

数字引脚除了用于输出信号外，还可用 digitalRead( ) 函数读取外部输入的数字信号，其调用形式为：

$$digitalRead(pin);$$

其中，参数 pin 为指定读取状态的引脚编号。

当 Arduino 以 5 V 供电时，会将范围为 $-0.5 \sim 1.5$ V 的输入电压作为低电平识别，而将范围在 $3 \sim 5.5$ V 的输入电压作为高电平识别。所以，即使输入电压不太准确，Arduino 也可以正常识别。需要注意的是，过高的输入电压会损坏 Arduino。

在 Arduino 核心库中，OUTPUT 被定义为 1，INPUT 被定义为 0，HIGH 被定义为 1，LOW 被定义为 0。因此这里也可用数字替代这些定义。如：

$$pinMode(13,1);$$
$$digitalWrite(13,1);$$

6.4.1　语音播报模块的控制

视频 6.4.1

SYN6288 中文语音合成芯片是 2010 年初推出的一款性价比更高、效果更自然的一款中高端语音合成芯片。SYN6288 通过异步串口 UART 通信方式，接收待合成的文本数据，

实现文本到语音（或 TTS 语音）的转换。

　　SYN6288 在识别文本/数字/字符串更智能、更准确，语音合成自然度更好、可懂度更高。SYN6288 语音合成效果和智能化程度均得到大幅度提高，是一款真正面向中高端行业应用领域的中文语音合成芯片。SYN6288 语音合成芯片的诞生，推动 TTS 语音合成技术的行业应用走向更深入和广泛，图 6-20 为语音模块接线图。

图 6-20　语音模块接线图

　　SYN6288 利用模块自带的上位机软件导出想要描述的语言，再写入 Arduino，如图 6-21 和图 6-22 所示。

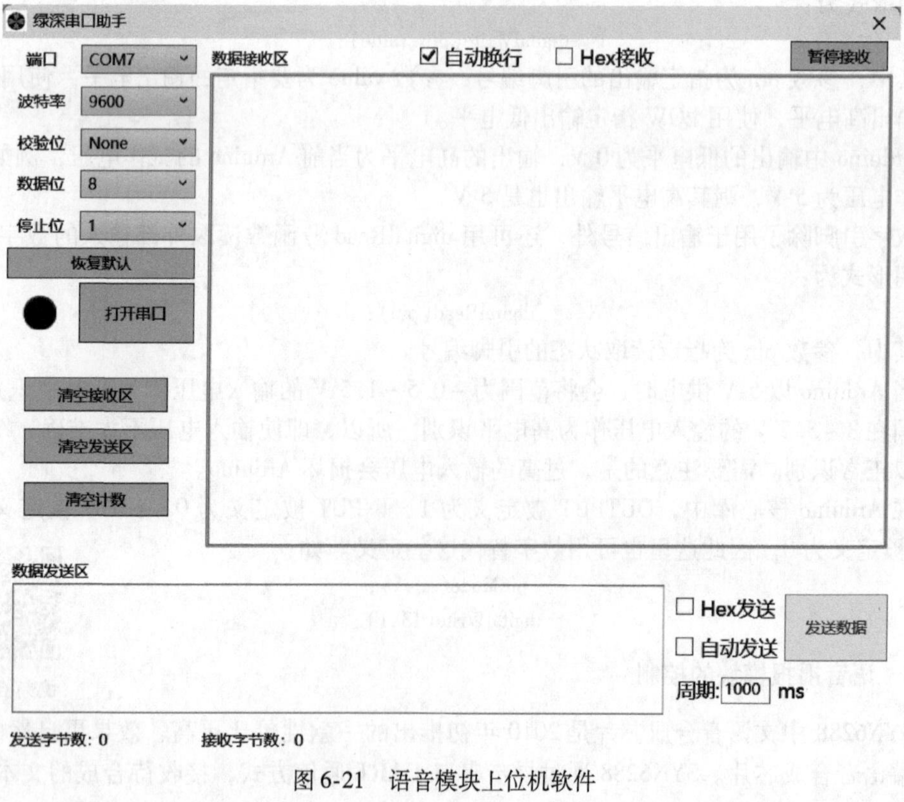

图 6-21　语音模块上位机软件

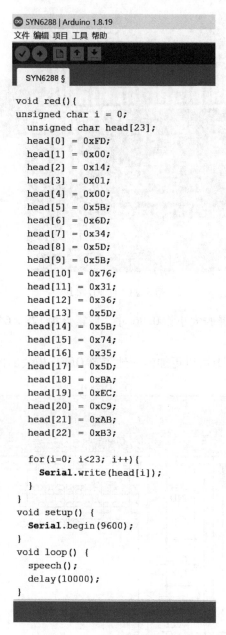

图 6-22　语音模块的程序编写

视频 6.4.2

6.4.2　OLED 显示屏的控制

OLED（Organic Light-Emitting Diode）又称有机电激发光显示、有机发光半导体，是一种利用多层有机薄膜结构产生电致发光的器件。OLED 显示技术具有自发光、广视角、几乎无穷高的对比度、较低功耗、极高反应速度、使用温度范围广、构造及制程简单等优点，被认为是下一代的平面显示屏新兴应用技术，如图 6-23 所示。

OLED 显示与传统的 LCE 显示不同，其可以自发光，所以不需要背光灯，这使得 OLED 显示屏相对于 LCD 显示屏尺寸更薄，同时显示效果更优。常用的 OLED 屏幕有蓝

图 6-23　OLED 模块

色、黄色、白色等几种。屏的大小为 0.96 寸，像素点为 128×64，所以称为 0.96OLED 屏或 12864 屏。

从模块的原理图 6-24 上可以更加清晰地了解 OLED 模块的内部结构。

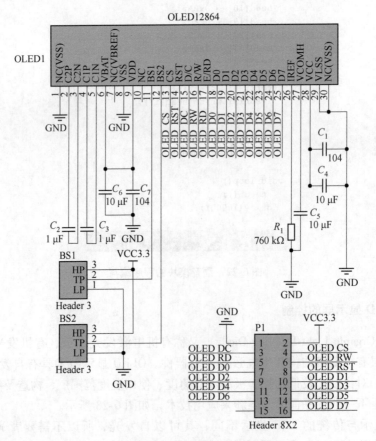

图 6-24　OLED 模块原理图

接下来按照图 6-25 的接线图接线到 Ardunio mega 板即可编写程序了。

图 6-25　OLED 接线图

以一个简单的案例为例，在 OLED 显示屏上显示 "Hello World"，图 6-26 所示为 Arduino 程序：

```
#include "U8glib.h"
/*SPI协议*/
U8GLIB_SSD1306_128X64 u8g(13, 11, 10, 9); // SW SPI Com: SCK = 13, MOSI = 11, CS = 10, A0 = 9

void setup()
{
  if ( u8g.getMode() == U8G_MODE_R3G3B2 )
    u8g.setColorIndex(255);     // white
  else if ( u8g.getMode() == U8G_MODE_GRAY2BIT )
    u8g.setColorIndex(3);           // max intensity
  else if ( u8g.getMode() == U8G_MODE_BW )
    u8g.setColorIndex(1);           // pixel on

  // u8g.setFont(u8g_font_unifont);
  Serial.begin(9600);

  u8g.setFont(u8g_font_6x10);
  u8g.setFontRefHeightExtendedText();
  u8g.setDefaultForegroundColor();
  u8g.setFontPosTop();
}

void loop()
{
  u8g.firstPage();
  do {
    u8g.drawStr(0,0,"hello world!");
  } while( u8g.nextPage() );
  delay(500);
}
```

图 6-26　Arduino 控制 OLED 程序

OLED 显示"Hello World"如图 6-27 所示。

图 6-27　OLED 显示"Hello World"

6.4.3　无线通信模块的控制

NRF24L01 是一款新型单片射频收发器件,工作于 2.4~2.5 GHz ISM 频段。内置频率合成器、功率放大器、晶体振荡器、调制器等功能模块,并融合了增强型 Shock Burst 技术,其中输出功率和通信频道可通过程序进行配置。NRF24L01 功耗低,在以 -6 dBm 的功率发射时,工作电流也只有 9 MA;接收时,工作电流只有 12.3 MA,多种低功率工作模式,工作在 100 mW 时电流为 160 MA,在数据传输方面实现相对 Wi-Fi 距离更远。

按照图 6-28 将 NRF24L01 模块连接到 Arduino 开发板。

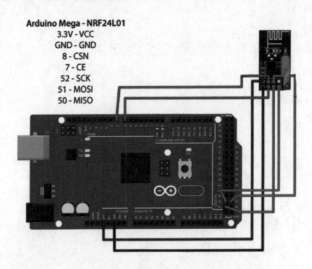

图 6-28　NRF24L01 模块连接图

　　根据上面的连接图，连接两个 NRF24L01 模块进行串口通信，接着就可以编制发射器和接收器代码了，程序如图 6-29 所示。

```
#ifndef __WIRELESS_H
#define __WIRELESS_H
//无线发送
void send()          //发送信号
{
  radio.stopListening();
  const char text[] = "0";
 radio.write(&text, sizeof(text));
 delay(10);
// Serial.println(text);
  radio.startListening();
}

 void send_scan()        //接受信号
  {
  radio.startListening();
while (radio.available()<=0) {;}
char text[32]="";
radio.read(&text,sizeof(text));

  delay(10);
//  Serial.println(text);
  radio.stopListening();}


#endif
```

图 6-29　NRF24L01 模块的程序

复习思考题

6-1　简述 Arduino 的程序结构。

6-2　以 SYN6288 语音合成芯片为例，说明 Arduino 的 I/O 控制方法。

6-3　什么是 OLED？简述 OLED 模块的控制原理。

7　工程搬运小车的创客实践案例

❖ **课程思政**

2021 年，随着"天和"核心舱机械臂的成功发射，首次实现了空间大型机械臂在轨"零"的突破。2022 年 11 月，"天和"核心舱机械臂与"问天"实验舱机械臂完成在轨组合测试，并圆满完成了第一次利用组合臂支持航天员乘组的出舱活动任务。从技术与应用发展角度来看，空间机械臂未来将向多形态、自主性、智能化，以及多臂操作、人机协同、机器人航天员等方向发展。而工程搬运小车精准实现搬运，除了底盘的准确移动外，更离不开自身机械臂的准确动作。

本章介绍了工程搬运小车制作流程，小车本体制作主要分为两部分，第一部分以麦克纳姆轮底盘装配与平行四连杆机械臂装配为例，详细说明了小车的机构装配、制作流程；第二部分首先介绍了搬运小车的控制系统构成，并以第一部分搭建的小车为例，详细介绍了该车控制系统的硬件电路搭建。

7.1　底盘的制作

7.1.1　底盘装配制作流程

任何产品都由若干个零件组成，为保证有效地组织装配，必须将产品分解为若干个能进行独立装配的单元，装配单元通常可以划分为 5 个等级，即零件、套件、组件、部件和机器。

装配过程由基准零件开始，沿水平线自左向右进行零部件的模块化装配，如图 7-1 所示。

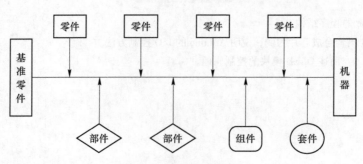

图 7-1　底盘装配流程

（1）零件是组成机器的最小单元，它由整块金属（或其他材料）制成。机械装配中，一般先将零件组装成套件、组件和部件，然后再装成机器。

（2）套件是在一个基准零件上，装上一个或若干个零件而构成，它是最小的装配单元。套件中唯一的基准零件是为了连接相关零件和确定各零件的相对位置。为套件而进行的装配称套装，套件在以后的装配中可作为一个零件，不再分开。

（3）组件是在一个基准零件上装上若干套件和零件而构成的。组件中唯一的基准零件用于连接相关零件和套件，并确定它们的相对位置。为形成组件而进行的装配称组装。组件中可以没有套件，即由一个基准零件加若干个零件组成，它与套件的区别在于组件在以后的装配中可拆。

（4）部件是在一个基准零件上装上若干组件、套件和零件而构成的。部件中的唯一的基准零件用来连接各个组件、套件和零件，并决定它们之间的相对位置。为形成部件而进行的装配称部装。部件在机器中能完成一定的完整功用。

7.1.2 底盘装配步骤

本小节以四轮麦克纳姆轮底盘为例对机器人底盘机构装配进行说明，此种底盘的特点是：通过算法对编码电机的精确控制，可实现底盘的全向移动。小车底盘所使用到的零件清单及最终的成品见表 7-1。

视频 7.1.2

表 7-1　机器人底盘零件清单

底板 ×1	电机架 ×4	减速直流电机 ×4
电机联轴器 ×4	左旋麦克纳姆轮 ×2	右旋麦克纳姆轮 ×2
M3×8 沉头螺钉 ×16	M3×12 圆头螺钉 ×16	M3×4 紧定螺钉 ×8
M3×8 圆头螺钉 ×16	M3 防松螺母 ×32	

机械机构的具体装配步骤如下。

步骤 1：电机与电机架模组装配。

将电机固定孔与电机架螺纹孔对准，注意电机输出轴安装在电机架下侧，如图 7-2 所示，最终装配效果如图 7-3 所示。

视频 7.1.2.1

图 7-2　电机与电机架模组装配

图 7-3　电机与电机架装配效果

装配注意点如下。

紧固件需用 6 颗 M3×8 沉头螺钉。

步骤 2：电机、电机架模组与联轴器装配。

电机、电机架模组与联轴器装配需要明确装配顺序，先将联轴器装入电机输出轴，再用紧定螺钉锁紧，装配方法如图 7-4 所示，最终装配效果如图 7-5 所示。

视频 7.1.2.2

图 7-4　电机与联轴器装配

图 7-5　电机与联轴器装配效果

装配注意点如下。

联轴器装入电机输出轴后用 M3×4 紧定螺钉锁紧直至联轴器不会脱出为止。

步骤 3：麦克纳姆轮的装配。

将麦克纳姆轮上的孔位与联轴器上的孔位对准，拧入螺钉，其装配方法如图 7-6 所示，最终装配效果如图 7-7 所示。

装配注意点如下。

用 3 颗 M3×8 圆头螺钉装配麦克纳姆轮直至联轴器不会脱离为止。

步骤 4：麦克纳姆轮组与底板装配。

将轮组与底盘进行组装，注意找准对应孔位，其装配方法如图 7-8 所示，最终装配结果如图 7-9 所示。

视频 7.1.2.3

图 7-6 麦克纳姆轮的装配

图 7-7 麦克纳姆轮的装配效果

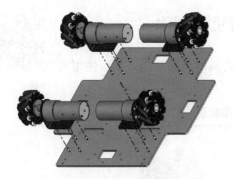

图 7-8 轮组与底板装配

图 7-9 轮组与底板装配效果

装配注意点如下。

（1）用 16 颗 M3×10 圆头螺钉与 16 颗 M3 螺母固定。

（2）通过麦克纳姆轮子上的旋向判断克纳姆轮的旋向，如图 7-10 所示。

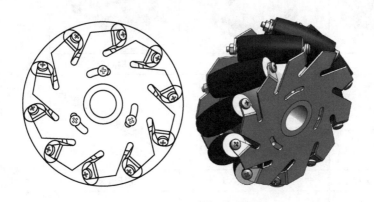

图 7-10 判断麦克纳姆轮的旋向

（3）安装麦克纳姆轮底盘需要遵循麦克纳姆轮轴间左右旋配合装配，如图 7-10 所示，若装配反向或同向将影响底盘全向移动能力，轮组装配方式如图 7-11 所示。

（4）轮组与底盘对应的安装孔位，请参考图 7-12 所示。

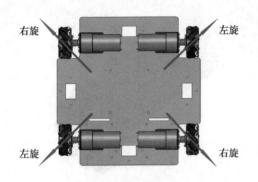

右旋　　左旋　　左旋　　右旋

图 7-11　轮组装配方式

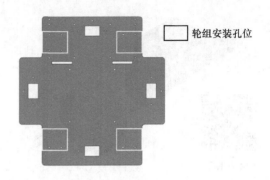

□ 轮组安装孔位

图 7-12　轮组与底盘对应的安装孔位

7.2　机械臂机构制作

视频 7.2

以平行四连杆机械臂为码垛机构用于实现物料的码垛功能，其所使用到的零件清单及最终的成品图见表 7-2。

表 7-2　零件清单和成品图

底座固定板 ×1	底板固定件 ×2	25 kg 舵机 ×6
舵盘 ×6	51106 轴承 ×1	上部机构固定板 ×1
舵机固定件 ×2	副主动臂板 ×1	连杆板 ×1
主动臂杆 ×1	从动臂杆 ×1	连接固定板 ×1

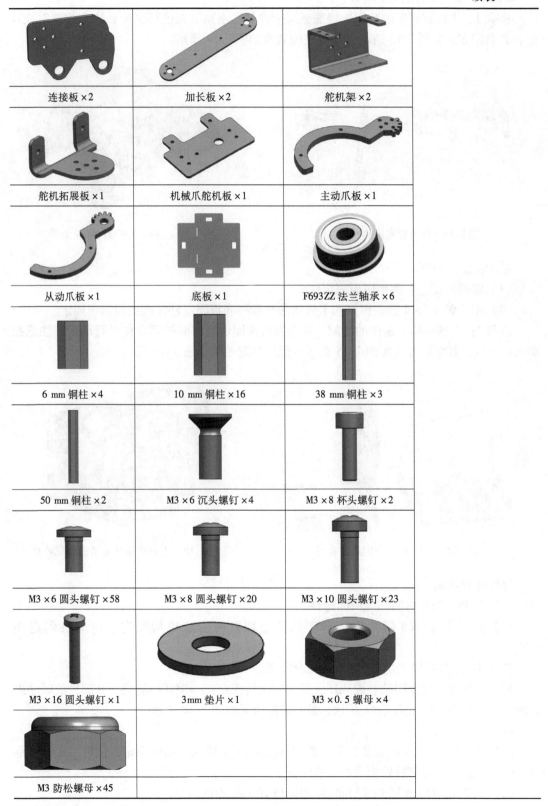

连接板×2	加长板×2	舵机架×2
舵机拓展板×1	机械爪舵机板×1	主动爪板×1
从动爪板×1	底板×1	F693ZZ 法兰轴承×6
6 mm 铜柱×4	10 mm 铜柱×16	38 mm 铜柱×3
50 mm 铜柱×2	M3×6 沉头螺钉×4	M3×8 杯头螺钉×2
M3×6 圆头螺钉×58	M3×8 圆头螺钉×20	M3×10 圆头螺钉×23
M3×16 圆头螺钉×1	3mm 垫片×1	M3×0.5 螺母×4
M3 防松螺母×45		

机械结构的具体装配步骤如下。

步骤1：机械臂底座的装配。将底板固定件与底座固定板进行装配，注意找准对应孔位。其装配方法如图 7-13 所示，最终装配效果如图 7-14 所示。

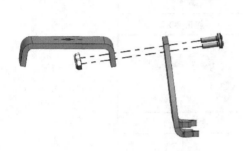

图 7-13　机械臂底座的装配

图 7-14　机械臂底座的装配效果

装配注意点如下。

（1）需要装配左右两侧底板固定件。

（2）用 7 颗 M3×6 圆头螺钉和 7 颗防松螺母将底板固定件与底座固定板固定。

步骤2：上部机构固定架的装配。将上部机构固定板与舵机固定件进行装配，注意找准对应孔位。其装配方法如图 7-15 所示，最终装配效果如图 7-16 所示。

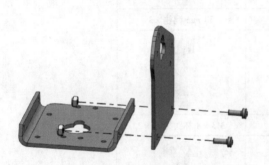

图 7-15　上部机构固定架的装配

图 7-16　上部机构固定架的装配效果

装配注意点如下。

（1）需要装配左右两侧舵机固定件。

（2）用 7 颗 M3×8 圆头螺钉和 7 颗防松螺母将上部机构固定板与舵机固定件固定。

步骤3：上部机构固定板与一号舵机的装配。

装配舵机时，需要明确装配顺序，按上部机构固定板→铜柱→舵机→紧固件的顺序进行装配。其装配方法如图 7-17 所示，最终装配效果如图 7-18 所示。

装配注意点如下。

（1）用 7 颗 M3×6 沉头螺钉将上部机构固定板与 10 mm 铜柱固定，使用沉头螺钉是为了防止后续安装底部转轴模块时会有干涉。

（2）用 7 颗 M3×6 圆头螺钉将一号舵机与 10 mm 铜柱固定。

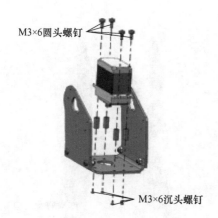

图 7-17 一号舵机的装配

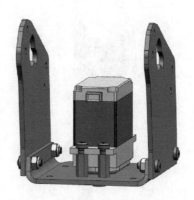

图 7-18 一号舵机的装配效果

步骤 4：底座轴承的装配。装配底座轴承时，需要明确装配顺序。按 M3×6 圆头螺钉→上部机构固定板→防松螺母→51106 轴承的顺序进行安装。其装配方法如图 7-19 所示，最终装配效果如图 7-20 所示。

图 7-19 底座轴承的装配

图 7-20 底座轴承的装配效果

装配注意点如下。

用 4 颗防松螺母将 51106 轴承与上部机构固定板固定，使轴承对中。

步骤 5：机械臂底座与转轴模块的装配。将转轴模块与机械臂底座进行装配，注意找准对应孔位。其装配方法如图 7-21 所示，最终装配效果如图 7-22 所示。

装配注意点如下。

（1）用 4 颗 M3×10 圆头螺钉将 4 个 6 mm 铜柱在机械臂底座固定，螺钉不要拧到头。

（2）将舵盘按压进舵机输出头内，通过旋转使舵盘与铜柱孔位对齐。

（3）拧紧螺钉将转轴模块与机械臂底座固定。

（4）用 M3×6 圆头螺钉将舵盘与舵机输出头固定。

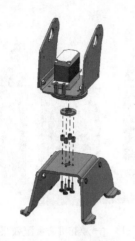

图 7-21　底部转轴模块的装配

图 7-22　底部转轴模块的装配效果

步骤 6：二号与三号舵机的装配。装配二号与三号舵机时，需要明确装配顺序，按紧固件→舵机固定件→铜柱→舵机→紧固件的顺序进行装配。其装配方法如图 7-23 所示，最终装配效果如图 7-24 所示。

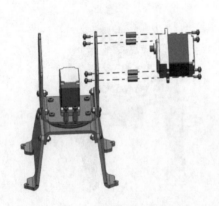

图 7-23　二号与三号舵机的装配

图 7-24　二号与三号舵机的装配效果

装配注意点如下。

（1）用 4 颗 M3 × 6 圆头螺钉将舵机固定件与 10 mm 铜柱固定。

（2）用 4 颗 M3 × 6 圆头螺钉将舵机与 10 mm 铜柱固定。

（3）二号与三号舵机装配方法相同。

步骤 7：副主动臂板与从动臂杆的装配。装配舵机时，需要明确装配顺序，按舵机板→紧固件→从动臂杆→F693ZZ 法兰轴承→紧固件的顺序进行装配。其装配方法如图 7-25 所示，最终装配效果如图 7-26 所示。

装配注意点如下。

（1）用 4 颗 M3 × 6 圆头螺钉将舵机板固定。

（2）装配好从动臂杆与法兰轴承后用 1 颗 M3 × 10 杯头螺钉与舵盘固定。

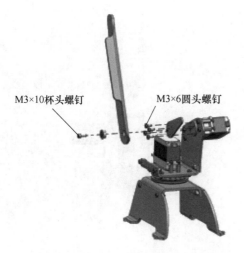

图 7-25 副主动臂板与从动臂杆的装配　　　　图 7-26 副主动臂板与从动臂杆的装配效果

步骤 8：主动臂杆的装配与固定。将舵盘旋转到合适的位置再进行主动臂杆的装配。其装配方法如图 7-27 所示，最终装配效果如图 7-28 所示。

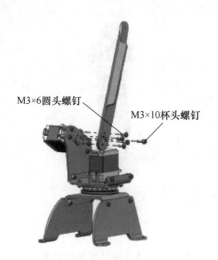

图 7-27 主动臂杆的装配与固定　　　　图 7-28 主动臂杆的装配与固定效果

装配注意点如下。

最后用 1 颗 M3×10 杯头螺钉与舵盘固定。

步骤 9：铜柱的固定。

先固定一端的主动臂铜柱，再将另一端的从动臂孔位对齐，进行固定，其装配方法如图 7-29 所示，最终装配效果如图 7-30 所示。

装配注意点如下。

（1）用 3 颗 M3×6 圆头螺钉将铜柱与主动臂固定。

（2）用 3 颗 M3×6 圆头螺钉将从动动臂与铜柱固定。

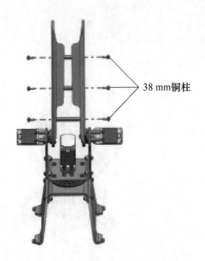

图 7-29　铜柱的固定　　　　　　　图 7-30　铜柱的固定效果

步骤 10：连接模块的装配与固定。连接模块两侧装配方式相同。其装配方法如图 7-31 所示，最终装配效果如图 7-32 所示。

图 7-31　连接模块固定件　　　　　图 7-32　连接模块的装配效果

装配注意点如下。

（1）用法兰轴承与主动臂和从动臂杆相连接。

（2）用 M3×10 圆头螺钉将连接板与固定板装配，主动臂和从动臂与连接板装配。

步骤 11：副主动臂与连接模块的装配。将舵盘旋转到合适的位置再进行副主动臂杆的装配。其装配方法如图 7-33 所示，最终装配效果如图 7-34 所示。

装配注意点如下。

（1）用法兰轴承与连接板装配。

（2）用 M3×8 圆头螺钉将连接板与副主动臂杆装配。

图 7-33　连接模块固定件　　　　　　图 7-34　连接模块的装配效果

步骤 12：加长板的装配。

将加长板与连接模块进行装配，注意找准对应孔位。其装配方法如图 7-35 所示，最终装配效果如图 7-36 所示。

图 7-35　加长板的装配　　　　　　　图 7-36　加长板的装配效果

装配注意点如下。

（1）需要装配左右两侧舵机加长板。

（2）用 8 颗 M3×10 圆头螺钉和 8 颗防松螺母将加长板与连接模块固定。

（3）用 4 颗 M3×10 圆头螺钉将加长板与铜柱固定。

步骤 13：手爪转动模块的装配。装配手爪转动模块时，需要明确装配顺序。按舵机架→紧固件→舵机→舵机拓展板→紧固件的顺序进行装配。其装配方法如图 7-37 所示，最终装配效果如图 7-38 所示。

装配注意点如下。

（1）先用 4 颗 M3×6 圆头螺钉和 4 颗 M3×0.5 螺母将两个舵机架装配，再用 M3×10 圆头螺钉塞入舵机支架下底板中以方便后续装配。

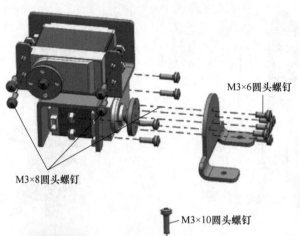

M3×6圆头螺钉

M3×8圆头螺钉

M3×10圆头螺钉

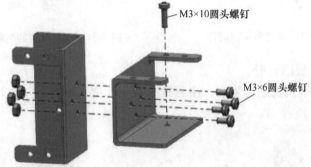

M3×6圆头螺钉

图7-37　手爪转动模块的装配

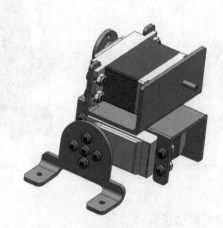

图7-38　手爪转动模块的装配效果

（2）用8颗 M3×8 圆头螺钉和8颗防松螺母将舵机与舵机固定。

（3）用5颗 M3×6 圆头螺钉将舵机拓展板与舵盘固定。

步骤14：手爪转动模块与加长板的装配。将舵盘旋转到合适的位置再进行加长板的装配。其装配方法如图7-39所示，最终装配效果如图7-40所示。

装配注意点如下。

用4颗 M3×8 圆头螺钉与舵盘固定。

图 7-39　手爪转动模块与加长板的装配　　　　图 7-40　手爪转动模块与加长板效果

步骤 15：舵机与机械爪舵机板的装配。装配舵机与机械爪舵机板时，需要明确装配顺序，按舵机→铜柱→机械爪舵机板→舵盘顺序进行装配。装配时只需要将螺钉预拧紧，然后把舵机调到合适的位置时，再将螺钉完全拧紧。其装配方法如图 7-41 所示，最终装配效果如图 7-42 所示。

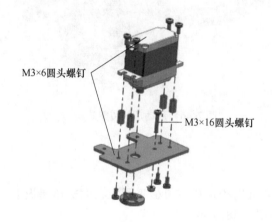

M3×6圆头螺钉

M3×16圆头螺钉

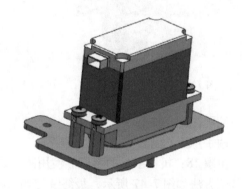

图 7-41　舵机与机械爪舵机板的装配　　　　图 7-42　舵机与机械爪舵机板的装配效果

装配注意点如下。

（1）用 4 颗 M3 ×6 圆头螺钉将舵机与铜柱固定。

（2）用 4 颗 M3 ×8 圆头螺钉将铜柱另一头跟机械爪舵机板固定。

（3）塞入一颗 M3 ×16 圆头螺钉与一颗防松螺母为后续装配做准备。

步骤 16：主动爪的装配。将舵盘旋转到合适的位置，找准对应孔位再与舵机装配。其装配方法如图 7-43 所示，最终装配效果如图 7-44 所示。

装配注意点如下。

用 5 颗 M3 ×6 圆头螺钉将主动爪与舵盘固定。

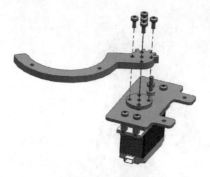

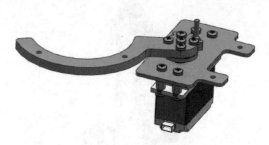

图 7-43　舵机与机械爪舵机板的装配　　　　　图 7-44　舵机与机械爪舵机板的装配效果

步骤 17：从动爪的装配。装配机械爪板从动时，需要明确装配顺序，按照法兰轴承→从动爪→3 mm 垫片→防松螺母的顺序进行装配。装配时需注意，主动与从动齿轮的贴合和两种位置的对称。其装配方法如图 7-45 所示，最终装配效果如图 7-46 所示。

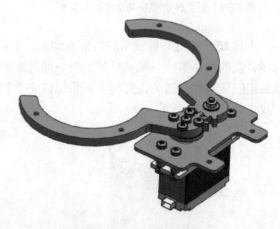

图 7-45　从动爪的装配　　　　　　　　　图 7-46　从动爪的装配效果

装配注意点如下。

两手爪齿轮啮合时两手抓应对称。

步骤 18：机械手爪的装配。使用圆头螺钉和防松螺母将机械爪固定在舵机拓展板上。其装配方法如图 7-47 所示，最终装配效果如图 7-48 所示。

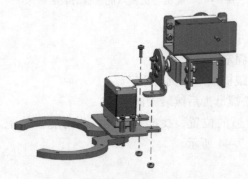

图 7-47　机械手爪的装配　　　　　　　　图 7-48　机械手爪的装配效果

装配注意点如下。

（1）用 2 颗 M3×8 圆头螺钉和 2 颗防松螺钉将机械手爪与舵机拓展板固定。

（2）注意安装孔位。

步骤 19：机械臂模块与底板的装配。

将机械臂模块与底板进行组装，注意找准对应孔位，其装配方法如图 7-49 所示，最终装配效果如图 7-50 所示。

 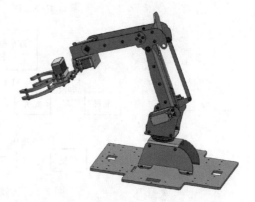

图 7-49　机械臂模块与底板的装配　　　　图 7-50　机械臂模块与底板的装配效果

装配注意点如下。

用 8 颗 M3×10 螺钉将通用底板与机械臂模块固定。

7.3　控制系统组成及原理

工程搬运小车的控制系统涉及底盘控制与码垛机构控制，因此采用混合式控制模式进行控制系统的搭建较为合理。其中底盘控制主要为直流减速电机的控制，直流减速电机控制通过直流电机驱动模块实现，而直流电机驱动模块的具体功能通过主控板的相关命令与参数来实现。机器人底盘控制系统具体构成框图如图 7-51 所示，整个底盘控制系统主要由 4 个直流减速电机，2 个电机驱动模块，3 个锂电池及若干线束构成。电机驱动板由 11.1 V 锂电池直接供电，主控板电源电压由 7.4 V 电池直接供电。电机驱动板与主控板之间通过 CAN 总线实现通信，如图 7-51 所示。

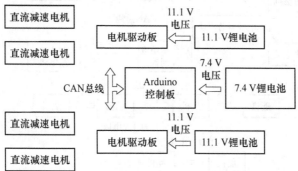

图 7-51　底板控制系统

　　码垛机构控制主要为舵机的控制，舵机的驱动与直接控制通过舵机驱动模块实现。一个舵机模块最多可实现 6 个舵机的控制，而舵机驱动模块的具体功能通过通信网络接收主控板的相关命令与参数来实现。小车码垛机构控制系统具体构成框图如图 7-52 所示。

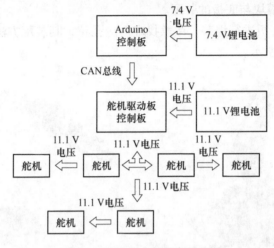

图 7-52　码垛机构控制系统

　　整个码垛机构控制系统主要由 6 个舵机、1 个舵机驱动模块、1 个 Arduino 控制板、2 个锂电池及若干线束构成。舵机驱动板由 11.1 V 电池直接供电，主控板电源由 7.4 V 电池供电。舵机驱动板与主控板之间同样通过 CAN 总线实现通信。

　　将小车底盘与码垛机构控制系统后，添加用于循迹的巡线传感器便组成了整车的控制系统，整车控制系统具体构成框图如图 7-53 所示。

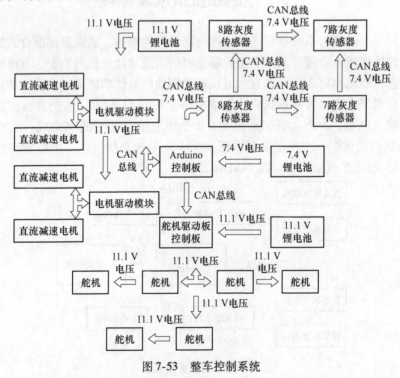

图 7-53　整车控制系统

　　整机控制系统主要由 2 个 8 路灰度传感器、2 个 7 路灰度传感器、4 个直流减速电机、2 块直流电机驱动模块、6 个舵机、1 个舵机驱动模块、1 块 Arduino 控制板、2 个 11.1 V 锂电池、1 个 7.4 V 锂电池及若干杜邦线构成直流电机驱动板、舵机驱动板电源、Arduino 控制板电源均由锂电池直供同时。主控板、电机驱动模块、舵机模块、巡线传感器采用同一路 CAN 总线实据通信。整车可实现自动循迹运行控制模式。

7.4　控制系统连接

7.4.1　底盘控制系统连接

PDF 文档 7.4.1

　　根据 7.3 节的控制系统构成，工程搬运小车底盘控制系统所使用到的模块清单，见表 7-3。

表 7-3　底盘控制系统模块清单

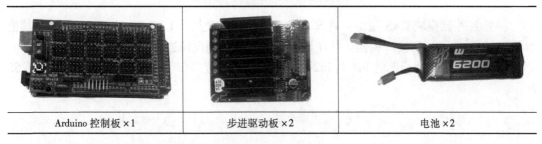

Arduino 控制板 ×1	步进驱动板 ×2	电池 ×2

　　小车底盘控制系统接线所使用到的清单见表 7-4。

表 7-4　底盘控制系统接线清单

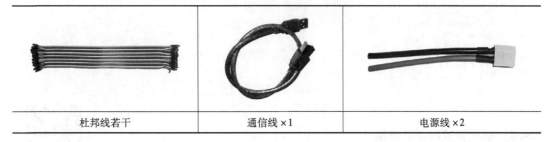

杜邦线若干	通信线 ×1	电源线 ×2

　　直流电机驱动模块通过杜邦线与主控板进行数据通信，电源采用 11.1 V 与 7.4 V 的锂电池，直流电机驱动板电源接口与 11.1 V 的锂电池直接供电，Arduino 控制板的电源接口与 7.4 V 的锂电池直接供电。主控板的端口接口与电机驱动板的端口接口相连，具体接线方式如图 7-54 所示。

　　（1）7.4 V 电源输入：使用电源开关线 XHB254-2P 转 T 型插头转接线，将电池连接于 Arduino。

　　（2）主控模块 5 V 供电：将主控板 S1 或 S2-电源接口使用 PH2.0-2P 转 PH2.0-2P 与电源板任意 5 V 输出口连接。

　　（3）驱动模块 11.1 V 供电：使用驱动模块供电线（11.1 V）XHB2.54-2P 转 XHB2.54-2P，将两个驱动模块的电源输入口并联，用 11.1 V 锂电池供电。

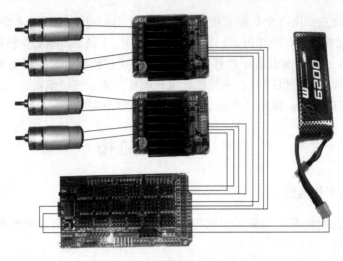

图 7-54　电机驱动板接线方式

（4）各控制模块 CAN 通信：将 S8 或 S9 通信接口使用 PH2.0-2P 转 PH2.0-2P 与其他模块的任意一个 CAN 接口相连，并在最后确保所有控制模块连接于一条 CAN 总线上。

（5）将电机驱动板上的 In1 与 In2 接与 Arduino 对应的口上，对应引脚定义如图 7-55 所示。

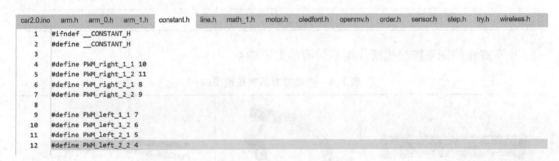

```
car2.0.ino  arm.h  arm_0.h  arm_1.h  constant.h  line.h  math_1.h  motor.h  oledfont.h  openmv.h  order.h  sensor.h  step.h  try.h  wireless.h
     1    #ifndef __CONSTANT_H
     2    #define __CONSTANT_H
     3
     4    #define PWM_right_1_1 10
     5    #define PWM_right_1_2 11
     6    #define PWM_right_2_1 8
     7    #define PWM_right_2_2 9
     8
     9    #define PWM_left_1_1 7
    10    #define PWM_left_1_2 6
    11    #define PWM_left_2_1 5
    12    #define PWM_left_2_2 4
```

图 7-55　对应引脚定义

7.4.2　机械臂控制系统连接

小车机械臂控制系统所使用到的模块清单见表 7-5。

PDF 文档 7.4.2

表 7-5　小车机械臂控制系统清单

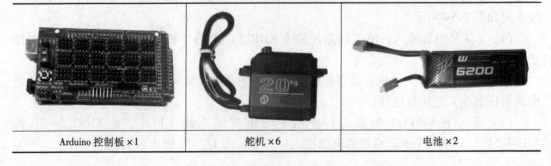

Arduino 控制板 ×1	舵机 ×6	电池 ×2

续表7-5

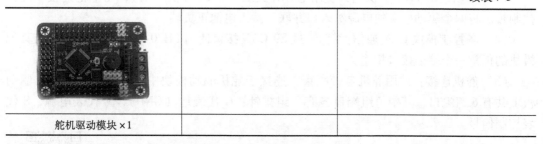

舵机驱动模块×1		

小车机械臂控制系统接线所使用到的清单见表7-6。

表7-6 小车机械臂控制系统接线清单

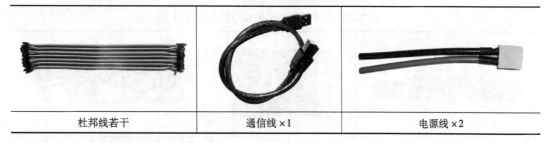

杜邦线若干	通信线×1	电源线×2

舵机驱动模块通过杜邦线与主控板进行数据通信，电源采用7.4 V的电池，舵机驱动板电源接口与5 V电源稳压模块输入电压为7.4 V，主控板的电源电压为5 V，将主控板的电源接口与7.4 V电源相连，主控板的CAN接口与舵机驱动模块的CAN接口相连，具体接线方式如图7-56所示。

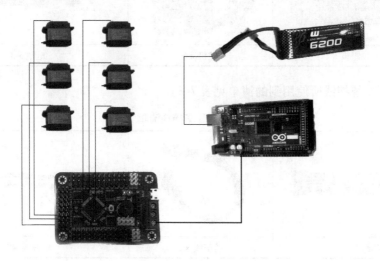

图7-56 舵机接线图

（1）11.1 V电源输入：使用电源开关线（XT60工头带线），将电池连接于舵机控制板。

（2）主控模块11.1 V供电：将Arduino控制板S1或S2-电源接口与7.4 V锂电池直接供电。

（3）驱动模块 11.1 V 供电：使用电源开关线（XT60 工头带线），将电池连接于舵机控制板。将两个驱动模块的电源输入口并联，接入电池正负端。

（4）各控制模块 CAN 通信：将 S8 或 S9-CAN 接口使用 PH20-2P 转 PH2.0-2P 与其他模块的任意一个端子接口相连。

（5）舵机连接：使用舵机自带线束，连接于舵机驱动模块中对应的控制端口。驱动板上共有 6 组端口，其中每组端口各有 3 组排针：G 代表地（GND），V 代表电源，S 代表控制信号。

7.4.3　整车控制系统连接

工程搬运小车整车控制系统所使用到的模块清单见表 7-7。

PDF 文档 7.4.3

表 7-7　工程搬运小车整车控制系统清单

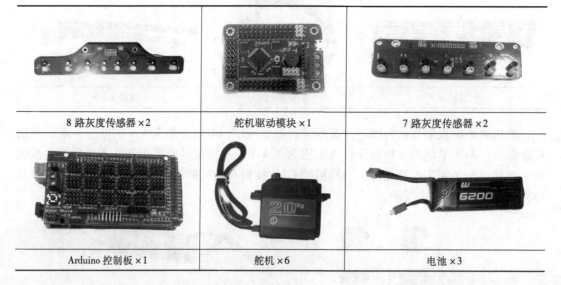

8 路灰度传感器 ×2	舵机驱动模块 ×1	7 路灰度传感器 ×2
Arduino 控制板 ×1	舵机 ×6	电池 ×3

整车控制系统接线所使用到的清单见表 7-8。

表 7-8　整车接线清单

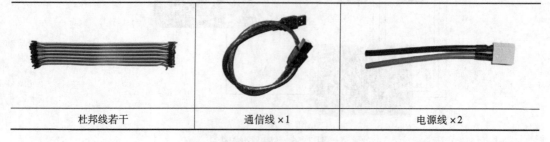

杜邦线若干	通信线 ×1	电源线 ×2

直流电机驱动模块、舵机驱动模块、灰度模块通过杜邦线与主控板实现数据通信电源采用 7.4 V 的电池，直流电机驱动模块与机驱动模块电源接口与 11.1 V 电源相连，主控板与巡线模块的电源电压为 5 V，将主控板与灰度板的电源接口与 7.4 V 电源相连。主控板的端口与直流电机驱动模块、舵机驱动模块、灰度模块的对应端口相连，接线如图 7-57 所示，引脚设置如图 7-58 所示。

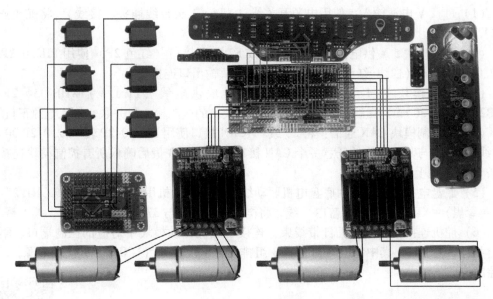

图 7-57　整车接线图

| car2.0.ino | arm.h | arm_0.h | arm_1.h | constant.h | line.h | math_1.h | motor.h | oledfont.h | openmv.h | order.h | sensor.h | step.h | try.h | wireless.h |

```
13
14    //#define gray_5_1 30//30 //中间的寻迹
15    //#define debug_key 30 //调试开关
16
17    #define gray_1_1 22 //8路寻迹
18    #define gray_1_2 23
19    #define gray_1_3 24
20    #define gray_1_4 25
21    #define gray_1_5 26
22    #define gray_1_6 27
23    #define gray_1_7 28
24    #define gray_1_8 29
25
26    #define gray_2_1 39 //7路寻迹
27    #define gray_2_2 40
28    #define gray_2_3 41
29    #define gray_2_4 42
30    #define gray_2_5 43
31    #define gray_2_6 44
32    #define gray_2_7 45
33
34    #define gray_3_1 46 //x负方向
35    #define gray_3_2 47
36    #define gray_3_3 49
37    #define gray_3_4 48
38    #define gray_3_5 19
39    #define gray_3_6 37
40    #define gray_3_7 38
41    #define gray_3_8 53
42
43    #define gray_4_1 30//y负方向
44    #define gray_4_2 31
45    #define gray_4_3 32
46    #define gray_4_4 33
47    #define gray_4_5 34
48    #define gray_4_6 35
49    #define gray_4_7 36
50    #define debug_key A1 //调试开关
51    #define button 13 //启动键
```

图 7-58　灰度引脚定义

（1）11.1 V 电源输入：使用电源开关线（XT60 工头带线插头转接线），将舵机连接于 11.1 V 电池上。

（2）主控模块 5 V 供电：将主控板 S1 或 S2-电源接口（红色 2P）使用 PH2.0-2P 转 PH2.0-2P 30 cm（白线-红头）与电源板任意 5 V 输出口连接。

（3）驱动模块 11.1 V 供电：使用驱动模块供电线（11.1 V）XHB2.54-2P 转 XHB2.54-2P（30 cm）白线-红头，将两个驱动模块的电源输入口并联，接入电源正负端。

（4）各控制模块 CAN 通信：将 S8 或 S9-CAN 接口使用 PH2.0-2P 转 PH2.0-2P 30 cm（白线-黄头）与其他模块的任意一个 CAN 接口相连，并在最后确保所有控制模块连接于一条 CAN 总线上。

（5）底盘电机连接：使用底盘电机驱动线（37 mm 电机用）PH2.0-6P 转 GH1.25-4P（红黄绿黑）＋XHB2.54-4P（蓝白）线，将电机驱动模块与 37 mm 电机相连。

（6）舵机连接：使用舵机自带线束，连接于舵机驱动模块中对应的控制端口。驱动板上共有 6 组端口，其中每组端口各有 3 组排针，G 代表地（GND），V 代表电源，S 代表控制信号。

7.5　机械臂程序控制

视频 7.5

机械臂的控制主要涉及多个舵机的控制，但是前面介绍的舵机驱动模块可实现 1～32 个舵机的控制，因此机械臂的控制可以通过对 1 个舵机驱动模块发送相应命令与数据便可实现，下面详细介绍一下具体程序以及参数设置步骤。

步骤 1：在车体运动控制程序的基础上，在主程序之中添加机械臂的控制文件（.c），如图 7-59 所示。

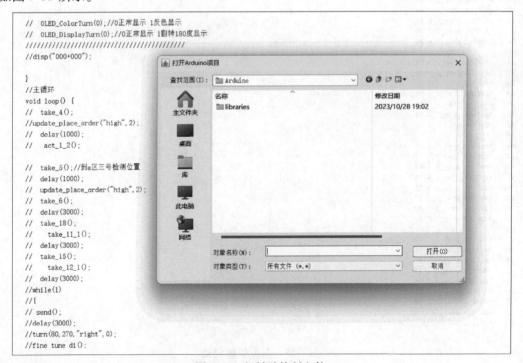

图 7-59　机械臂控制文件

步骤 2：关联相关头文件，如图 7-60 所示，这样就可以实现机械臂调试了，具体舵机控制板上位机软件的使用将在机械臂的动作调试中详细介绍。

```
#include "math_1.h"

#include "constant.h"
#include "motor.h"
#include "sensor.h"
#include "line.h"
#include "oledfont.h"

#include "order.h"
#include "arm.h"
#include "arm_0.h"
#include "arm_1.h"
#include "step.h"
#include "try.h"
//


void setup() {
```

图 7-60　头文件

复习思考题

7-1　试说明底盘装配制作的流程。

7-2　工程搬运小车控制系统中主要用到哪些元器件？

7-3　简述机械臂控制系统连接的原理。

8 工程搬运小车联调实践

❖ **课程思政**

2019 年 9 月 30 日，习近平总书记在会见中国女排代表时指出：广大人民群众对中国女排的喜爱，不仅是因为你们夺得了冠军，更重要的是你们在赛场上展现了祖国至上、团结协作、顽强拼搏、永不言败的精神面貌。女排精神代表着一个时代的精神，喊出了为中华崛起而拼搏的时代最强音，中国女排的成功离不开每个人的努力和团队协作。像足球、篮球和排球等集体运动，每个队员的尽力和不放弃，是团队取得成绩的关键。工程搬运小车的机械零部件、电控元器件和程序部分，都是小车系统中的队员，需要机电联调动作，才能顺利完成任务。就像集体球类运动一样，工程机械产品设计过程中任何一个环节出现问题都会影响最终的调试效果。

本章主要介绍工程搬运小车的整机调试，小车的功能除了涉及底盘运动控制与机械臂控制外，主要还涉及循迹功能和避障功能，为此本章详细讲解了搬运小车底盘基于循迹传感器的循迹、避障原理及程序实现；机械臂的动作调试主要介绍了基于一款上位机的机械臂动作调试。

8.1 搬运小车整机联调

工程搬运小车搭建主要包括机械结构搭建、控制系统搭建两部分，但是小车搭建完毕需要完成特定任务时，则需要做整机调试。整机调试包括机构调试、硬件调试与软件调试，机构调试与硬件调试是为了确保搬运小车机械、控制系统自身功能的正常，而软件调试主要为了确保任务功能的正常执行。

具体的机构调试与硬件调试在前面几章已经涉及，第 6 章主要描述了 Arduino 程序的编写，但是程序编写并不能单独实现小车的功能，需要机械机构与电路硬件配合，因此当对局部功能编写的控制程序进行验证时，实际就是对实现程序功能的对应机械机构与电路硬件的验证，因此机械机构与电路硬件的装调可通过局部功能的实现来进行。对于工程搬运小车而言，其主要功能包括底盘运动控制与上部机械臂的抓取、码垛控制，而工程搬运小车底盘的运动在很多场合实际是通过循迹来完成自主导航，为此本章的整机装调主要讲解工程搬运小车底盘的循迹功能、避障功能及机械臂抓取、码垛功能的实现，整机装调流程如图 8-1 所示。

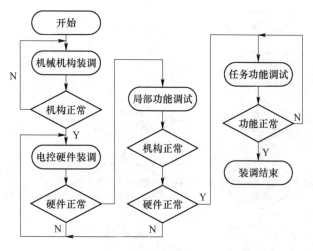

图 8-1 整机装调流程

8.2 底盘循迹调试

PDF 文档 8.2.1

8.2.1 底盘循迹原理

小车循迹的控制模型简单来讲就是判断灰度的反馈值来判断小车是否偏移。若小车右偏，则让小车的右侧轮子转速比左侧轮子转速快，从而实现向左回正的效果；若小车左偏，则让小车的左侧轮子转速比右侧轮子转速快，从而实现向右回正的效果。从右至左的传感器序号分别为 1~8，分别用于表示传感器当前的位置值。以 8 路循迹传感器的应用为例，循迹传感器安装在车头位置，灰度传感器如图 8-2 所示。从右至左的传感器序号分别为 1~8，分别用于表示传感器当前的位置值。例如 2 号传感器单独被触发，则当前位置值为 N_2；当 4 号与 5 号传感器被同时触发时，则位置值取其平均值为 $N_{4.5}$；当 5 号传感器被单独触发时位置值为 N_5，以此类推。直行时是 4 号与 5 号传感器被同时触发时，若 4 号被触发而 5 号未被触发时，则小车向右偏移，右轮加速，当 1 到 8 同时被触发则代表通过一格，灰度判断流程图如图 8-3 所示。

图 8-2 灰度传感器

视频 8.2.2

8.2.2 底盘循迹模块设置

循迹传感器主要用来检测路面导航条的位置，并将取得的信息发送给主控模块，如图 8-4 所示。与前面所涉及的其他驱动模块不同，循迹传感器的 ID 号可通过自身按钮设置。另外，由于循迹模块主要用于检测循迹条与地面周边环境颜色的区别，因此其检测信

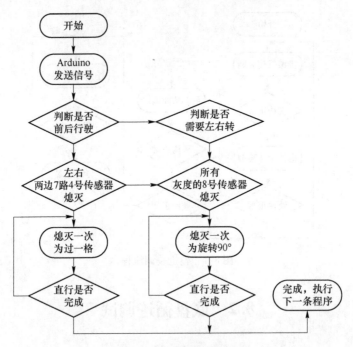

图 8-3　灰度判断流程图

号的阈值非常关键，但是本循迹模块可以实现阈值的自校准，大大降低了使用复杂度。

　　图 8-4 中的电源接口电路内部做了并联可任意连接，循迹模块的电源电压为 5 V，连接于 5 V 稳压模块的 PH2.0-2P 接口，使用 PH2.0-2P 转 PH2.0-2P 进行连接。图 8-4 中的 CAN 总线接口电路内部同样做了并联可任意连接，一般直接连接于其他需进行通信模块的 CAN 接口。

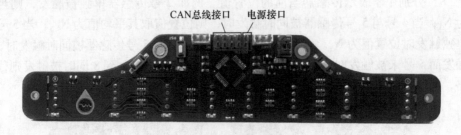

图 8-4　循迹传感器

　　循迹模块的 ID 范围为 0 ~ 8，具体设置操作如下。

　　步骤 1：模块正常工作状态下，快速双击 SET 按钮，进 ID 设置模式，模式指示灯进行 200 ms 频率的闪烁。

　　步骤 2：单击 SET 按钮，此时的 ID 号可由 8 路指示灯看出（多少灯亮代表多少 ID 值）。

　　步骤 3：设置完 ID 后，长按 2.5 s SET 按钮，恢复到工作模式，模式指示灯进行 1s 频率的闪烁，此时可观察 ID 号指示灯来查看 ID 设置是否正确。

　　循迹模块检测阈值自动校准步骤如下。

步骤1：模块正常工作状态下，长按 2.5 s SET 按钮，进入检测阈值自动校准模式，模式指示灯进行 50 ms 频率的闪烁。

步骤2：将模块上的 8 路红外反射传感器（每个循迹传感器上都包含了 8 路红外反射传感器）朝向循迹轨迹线，并使 8 路红外反射传感器在循迹轨迹线与背景之间来回检测，从而使循迹传感器能精准检测到反射光强度的最大值与最小值，并通过模块自带算法计算得到最佳阈值，大约 10 s 模块自动恢复到工作模式，模式指示灯进行 1 s 闪烁 1 次，此时可观察 8 路指示灯来查看检测值设置是否正确，若指示灯亮，表明对应的红外反射传感器刚好在循迹条上方。注意校准时传感器高度需与实际使用时的高度一致，并且需要注意传感器使用高度不可过高，一般推荐 2 cm 左右。8 路循迹传感器如图 8-5 所示，7 路、8 路灰度相关程序如图 8-6 所示。

图 8-5　8 路循迹传感器

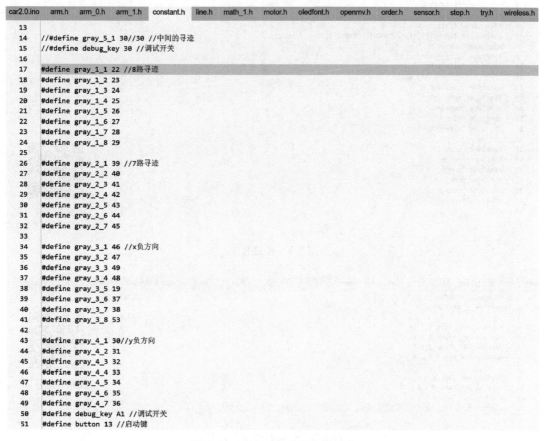

| car2.0.ino | arm.h | arm_0.h | arm_1.h | constant.h | line.h | math_1.h | motor.h | oledfont.h | openmv.h | order.h | sensor.h | step.h | try.h | wireless.h |

```
13
14   //#define gray_5_1 30//30 //中间的寻迹
15   //#define debug_key 30 //调试开关
16
17   #define gray_1_1 22 //8路寻迹
18   #define gray_1_2 23
19   #define gray_1_3 24
20   #define gray_1_4 25
21   #define gray_1_5 26
22   #define gray_1_6 27
23   #define gray_1_7 28
24   #define gray_1_8 29
25
26   #define gray_2_1 39 //7路寻迹
27   #define gray_2_2 40
28   #define gray_2_3 41
29   #define gray_2_4 42
30   #define gray_2_5 43
31   #define gray_2_6 44
32   #define gray_2_7 45
33
34   #define gray_3_1 46 //x负方向
35   #define gray_3_2 47
36   #define gray_3_3 49
37   #define gray_3_4 48
38   #define gray_3_5 19
39   #define gray_3_6 37
40   #define gray_3_7 38
41   #define gray_3_8 53
42
43   #define gray_4_1 30//y负方向
44   #define gray_4_2 31
45   #define gray_4_3 32
46   #define gray_4_4 33
47   #define gray_4_5 34
48   #define gray_4_6 35
49   #define gray_4_7 36
50   #define debug_key A1 //调试开关
51   #define button 13 //启动键
```

图 8-6　7 路、8 路灰度相关程序

循迹模块使用时需要注意以下几点。

（1）循迹模块安装时要将带有红外反射传感器的那一面向下安装，不可使循迹模块与地面距离过远或过近，一般距离地面 1.5 cm。

（2）麦克纳姆轮底盘需要安装 4 根循迹模块，ID 分配为车头为 1 号、车左侧为 2 号、车尾为 3 号、车右侧 4 号。循迹模块是有方向的，4 根循迹条安装方向需要一致，一般是统一将接插件朝向小车内部安装或者统一将接插件朝向小车外部安装，朝内或朝外需要修改程序配合。

（3）场地灯光条件变化，必须重新进行值校准方可正常使用。

8.2.3　底盘循迹程序

在底盘控制程序中主要实现底盘的运动控制，机械臂控制程序主要实现了舵机控制，而底盘循迹程序范例程序的基础上进行移植与修改，其中头文件定义如图 8-7 所示，电机对于接口定义如图 8-8 所示，直行时左右电机定义程序如图 8-9 所示，部分循迹程序如图 8-10 所示。

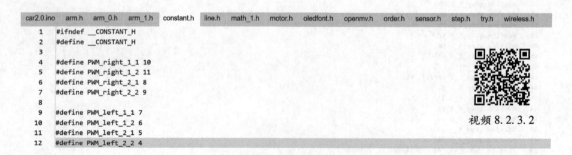

```
car2.0.ino   arm.h   arm_0.h   arm_1.h   constant.h   line.h   math_1.h   motor.h   oledfont.h   openmv.h   order.h   sensor.h   step.h   try.h   wireless.h
1    #include <stdio.h>
2
3    #include <SPI.h>
4    #include "nRF24L01.h"
5    #include <RF24.h>
6    RF24 radio(2,3); // CE, CSN
7    const byte address[][6] = {"00001","00002"};
8    #include "openmv.h"
9    #include "wireless.h"
10   #include "math_1.h"
11
12   #include "constant.h"
13   #include "motor.h"
14   #include "sensor.h"
15   #include "line.h"
16   #include "oledfont.h"
17
18   #include "order.h"
19   #include "arm.h"
20   #include "arm_0.h"
21   #include "arm_1.h"
22   #include "step.h"
23   #include "try.h"
24   //
25
```

视频 8.2.3.1

图 8-7　循迹程序

```
car2.0.ino   arm.h   arm_0.h   arm_1.h   constant.h   line.h   math_1.h   motor.h   oledfont.h   openmv.h   order.h   sensor.h   step.h   try.h   wireless.h
1    #ifndef __CONSTANT_H
2    #define __CONSTANT_H
3
4    #define PWM_right_1_1 10
5    #define PWM_right_1_2 11
6    #define PWM_right_2_1 8
7    #define PWM_right_2_2 9
8
9    #define PWM_left_1_1 7
10   #define PWM_left_1_2 6
11   #define PWM_left_2_1 5
12   #define PWM_left_2_2 4
```

视频 8.2.3.2

图 8-8　电机对应接口定义

```
car2.0.ino  arm.h  arm_0.h  arm_1.h  constant.h  line.h  math_1.h  motor.h  oledfont.h  openmv.h  order.h  sensor.h  step.h  try.h  wireless.h
155              }
156           }
157           switch(date){
158  ∨ //        直行
159           case 12:turn(speed_,angle,"right",0);break;
160  ∨ //        一级转弯
161           case 8:turn(speed_,angle,"right",weight_1);break;
162           case 4:turn(speed_,angle,"left",weight_1);break;
163  ∨ //        二级转弯
164           case 24:turn(speed_,angle,"right",weight_2);break;
165           case 10:turn(speed_,angle,"left",weight_2);break;
166  ∨ //        三级转弯
●167           case 16:turn(speed_,angle,"right",weight_3);break;
168           case 2:turn(speed_,angle,"left",weight_3);break;
169  ∨ //        四级转弯
170           case 48:turn(speed_,angle,"right",weight_4);break;
171           case 3:turn(speed_,angle,"left",weight_4);break;
172  ∨ //        五级转弯
173           case 32:turn(speed_,angle,"right",weight_5);break;
174           case 1:turn(speed_,angle,"left",weight_5);break;
175  ∨ //        其余情况直行
176           default:turn(speed_,angle,"right",0);
177           }
178        }
179     }
```

图 8-9   直行时左右电机定义程序

```
car2.0.ino  arm.h  arm_0.h  arm_1.h  constant.h  line.h  math_1.h  motor.h  oledfont.h  openmv.h  order.h  sensor.h  step.h  try.h  wireless.h
271     }  //右转
272     void rotate_1(String dir,int type){
273     int sensor_1[2][4]={{gray_1_8,gray_2_7,gray_3_8,gray_4_7},{gray_1_1,gray_2_1,gray_3_1,gray_4_1}};//
274     int sensor_2[2][4]={{gray_1_5,gray_2_4,gray_3_4,gray_4_4},{gray_1_4,gray_2_4,gray_3_5,gray_4_4}};/////////
275  // int sensor_3[2][4]={{gray_1_3,gray_2_3,gray_3_3,gray_4_3},{gray_1_6,gray_2_5,gray_3_6,gray_4_5}};
276     int sensor_3[2][4]={{gray_1_4,gray_2_3,gray_3_4,gray_4_3},{gray_1_5,gray_2_5,gray_3_5,gray_4_5}};/////////
277     int speed_=90;
278     int speed_low=70;
279     int i;
280     type--;
281     if(dir=="right")i=1;
282     else if(dir=="left")i=0;
283
284  turn(speed_,11);
285     //turn(speed_,0,dir,1.0);
286     while(digitalRead(sensor_1[i][type])==0);
287     while(digitalRead(sensor_3[i][type])==0);
288     //turn(speed_low,0,dir,1.0);
289     turn(speed_low,11);
290     while(digitalRead(sensor_2[i][type])==0);//gray_1_5,gray_2_4,gray_3_4,gray_4_4   gray_1_4,gray_2_4,gray_3_5,gray_4_4
291     stop();
292     }
```

图 8-10   部分循迹程序

输入对应循迹程序即可实现轮子前后左右调整，轮子调整程序如图 8-11 所示。

```
car2.0.ino  arm.h  arm_0.h  arm_1.h  constant.h  line.h  math_1.h  motor.h  oledfont.h  openmv.h  order.h  sensor.h  step.h  try.h  wireless.h
139  //ZHUXUNHUAN();
140  //READ_ENCODER_L();
141
142  //
143  move(3,0);//数字代表前后几格
144  move(0,1);//数字代表左右几格
145  rotate_1_1("left",1);//向左偏移
146  delay(2000);//暂停x/1000秒
147  turn(40,90,"right",0);//右转
148  turn(40,90,"left",0);//左转
149
```

视频 8.2.3.3

图 8-11   轮子调整程序

8.3　小车避障程序

PDF 文档 8.3

通过安装的漫反射光电开关传感器，检测路径上的障碍物，输出信号控制电机的正反转和转速，使车体能顺利避开障碍物进入正常寻迹路线。

流程分析：光电开关位置如图 8-12 所示，小车前方 1 号光电开关持续运行，车体部分保持寻迹。当前端 1 号光电开关检测到障碍物时返回高电平，根据当前路况判断是否适合进行避障，不能避障就制动打开蜂鸣器报警。可以避障就进入避障子程序。左方向直角转弯避开障碍，同时车体右侧两个光电开关开始检测障碍物，当 2 号光电开关检测到障碍物时直行，3 号光电开关检测到障碍物时继续前行，到 3 号光电开关检测不到障碍物时右转，当 2 号光电开关再次检测到障碍物时右转改为直行，直到 3 号光电开关通过障碍物后再右转一段距离后改为前行，同时开始寻迹，在接触到黑线时进入寻迹程序，避障子程序结束。避障流程图如图 8-13 所示。

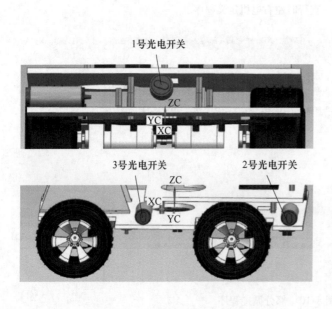

图 8-12　光电开关安装位置

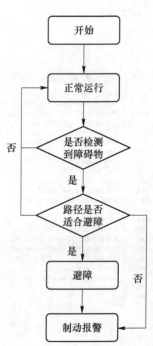

图 8-13　避障流程图

具体避障程序如下：

```
while ( bizhang = = 1)//避障
    {
        line_Read( );
        if ( M2 = = 0)
        {
            motor( - 80, 80);
        }
        else if ( ( M2 = = 1) && ( M3 = = 0))
```

```
    {
    while (1)
    { line_Read( );
      if (M3 = =0)
      {
          motor(40, 40);
      }
      else if (M1 = =1)
      { delay(100);
        motor(60, -60);
        delay(400);
        while (1)
        { line_Read( );
          if (M3 = =1)
          {
              motor(30, 30);
          }
          else if (M3 = =0)
          { while (1)
            { line_Read( );
              if (M3 = =1)
              { motor(30, 30);
              delay(400);
              motor(60, -60),
              delay(400);
                while (1)
                { line_Read( );
                  if ((D3 = =1) && (D4 = =1) && (D5 = =1) && (D6 = =1))
                  {
                      motor( -60, 60);
                      delay(400);
                      bizhang =0;
                      XIALIAOQIAN =1;
                      while (1)
                      {
                          loop( );
                      }
                  }
                  else motor(25,25);
                }
              }
              else motor(30,30);
            } } } } } } }
```

8.4　机械臂动作调试

视频 8.4

　　机械臂的控制主要通过控制机械臂上的 6 个舵机实现，具体的舵机控制
程序编写已经在前面做了较为详细的说明。因此舵机控制可以实现机械臂
的具体动作控制，但在具体使用机械臂的过程中往往需要将机械臂快速调整到某个姿态，
而想要快速实现此功能可借助上位机软件进行动作设置。

　　上位机软件具体应用需要注意 Windows 7 及以上版本的操作系统需要 . NET 4. 5. 2 及
以上运行环境。由于上位机软件只是对舵机模块进行参数设置，具体的舵机控制还是由舵
机模块来实现，因此在使用上位机软件时，可通过 USB 线连接电脑实现上位机软件与舵
机驱动模块的通信，具体的硬件连接方式如图 8-14 所示。

图 8-14　连接舵机控制板

　　图 8-14 中的舵机控制板可以直接使用连接线，将 USB 口插入计算机，此时便可进行
上位机的机械臂动作调试设置操作，具体操作步骤如下。

　　步骤 1：打开上位机软件，软件界面如图 8-15 所示。

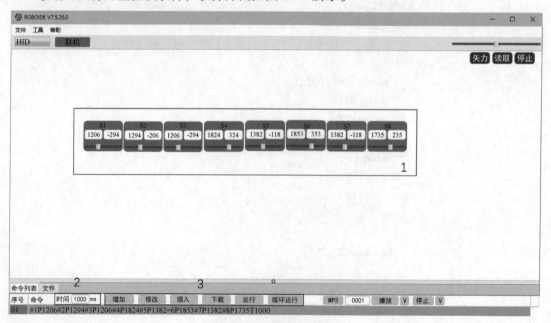

图 8-15　上位机软件界面

　　上位机软件中的区域 1 为舵机角度控制区域；区域 2 为动作编辑区域；区域 3 为动作组保存调用模块，可导入到舵机控制板中；左上角为软件工具栏、可调用文件等。

　　步骤 2：选择对应串口号，串口波特率设定为 9600，然后单击打开串口，根据具体舵机种类进行选择，如图 8-16 所示。

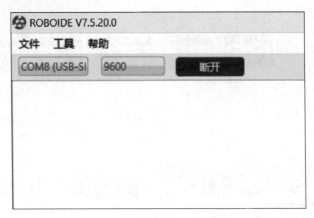

图 8-16　设置串口波特率

　　步骤 3：拖动 S1～S8 号的拖动条，并观察机械臂对应关节的姿态，等机械臂到达目标姿态后，设置"动作时间"用于调节机械臂的动作速度，最后单击"添加动作"，完成一个动作的设置，如图 8-17 所示。

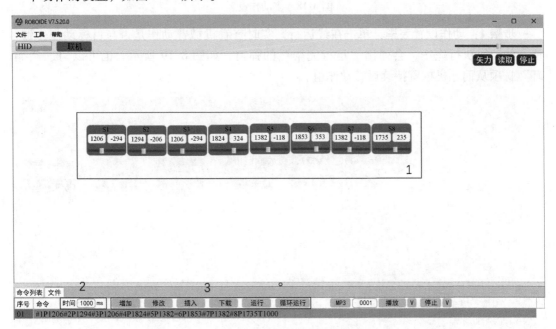

图 8-17　机械臂动作的设置与添加

　　步骤 3 可重复进行，从而实现多个动作的设置。对于错误动作可通过选中该动作参数，并直接对动作进行删除。如要对某一个设置完毕的动作参数进行修改，选中该动作，然后直接拖动条修改参数，最后单击"修改"即可。如需要在两个动作之间插入新的动作，设置参数后可使用"插入"实现。

多个动作设置完毕后，软件界面如图 8-18 所示。

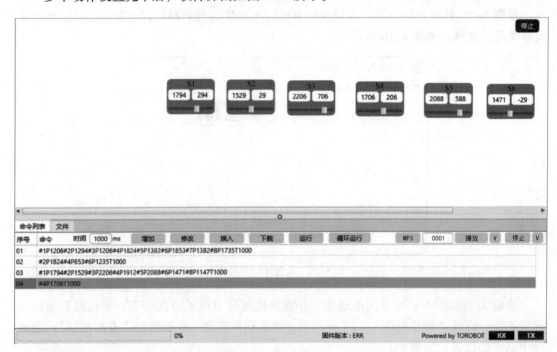

图 8-18　多动作设置

步骤 4：动作设置完毕，单击在线运行，实时查看机械臂动作是否与目标动作一致，所有的动作执行完毕，会弹出"运行完毕"的弹窗，如图 8-19 所示。也可以勾选"循环"选项从而让机械臂持续运行动作组。

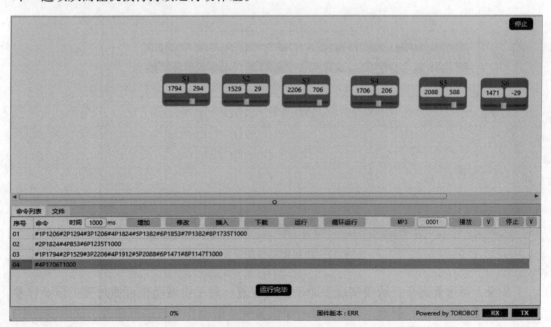

图 8-19　动作组在线执行完毕

步骤5：单击"保存文件"，将本次动作组设置以文件形式保存，也可以单击"打开文件"将原来的动作组文件打开。

步骤6：在动作组下载、运行区域选择动作组编号，并单击"下载"将对应的动作组下载到舵机驱动模块中。"运行"功能可以让控制板运行相应编号的动作组。"停止"功能则会让控制板停止运行动作组。具体功能如图8-20所示。

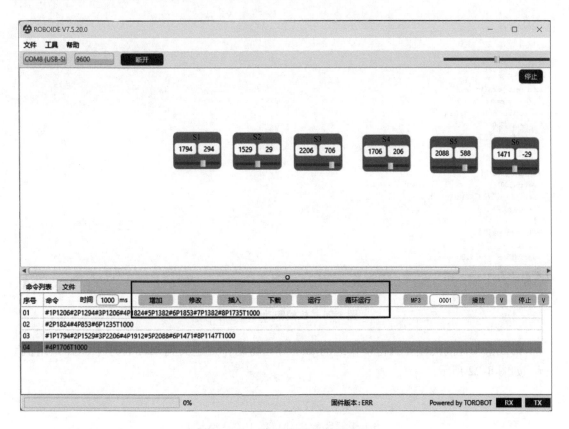

图8-20　动作组下载与运行区域

步骤7：将舵机模块运行总动作组的子程序添加至程序中从而实现机械臂动作的控制，如图8-21所示。

图8-21中的程序可实现在使用中实现机械臂按照动作组180的动作设置执行相应动作。机械臂动作组控制相关的子程序主要有两个，第一个为对串口通信的子程序，其具体说明见表8-1。

表8-1　串口通信程序使用

功能	读取串口数据，一次读一个字符，读完后删除已读数据
语法	Serial. read( )
参数	无
返回值	返回串口缓存区中第一个可读字节，当没有可读数据时返回-1

```
while(Serial3.read()>= 0);//清空串口
  while(1) {
  if(Serial3.available()>0){
  char c=Serial3.read();
//   Serial.println(c);
  if(c=='F'){
    break;
    }
   }
  delay(2);
 }
}

//机械臂延时
void delay_arm(int s){
  //delay(s*arm_delay);
//  Serial3.print("#STOP\r\n");
//  delay(200);
   wait_ser();
  }
//打断
void arm_stop(){
  delay(100);
  Serial3.print("#STOP\r\n");
  delay(200);
  }
//扫二维码结束动作
void take_0_1(){
  Serial3.print("#180GC1\r\n");
  }
```

图 8-21　机械臂动作组程序

第二个为控制机械臂执行动作组的 take( )；将动作组定义到 take 程序中，并调用执行，如图 8-22 所示。

```
void take_5(){
  Serial3.print("#11GC1\r\n");
  delay_arm(time_5+time_more);
  }
```

图 8-22　动作组子程序

复习思考题

8-1　搬运小车整机联调主要有哪些步骤？

8-2　简述底盘采用灰度传感器进行循迹的原理。

8-3　以 32 路舵机控制板为例，简述利用上位机软件进行机械臂动作调试的方法。

参 考 文 献

[1] 徐起贺. 机械创新设计 [M]. 北京：机械工业出版社，2016.

[2] 彭建国. 创新的源头工具：思维方法学 [M]. 北京：光明日报出版社，2010.

[3] 孙靖民. 机械优化设计 [M]. 北京：机械工业出版社，2012.

[4] 孙亮波. 基于杆组法的机构型综合和运动学分析系统研究 [D]. 武汉：武汉科技大学，2012.

[5] 孙汉银. 创造性心理学 [M]. 北京：北京师范大学出版社，2016.

[6] 陈建，周链，陈建松. 智能物流机器人设计与制作 [M]. 北京：清华大学出版社，2022.

[7] 高志，黄纯颖. 机械创新设计 [M]. 北京：高等教育出版社，2010.

[8] 吴宗泽. 机械结构设计准则与实例 [M]. 北京：机械工业出版社，2006.

[9] 黄靖远，高志，陈祝林. 机械设计学 [M]. 北京：机械工业出版社，2017.

[10] 高志强，代云凯，赵海茹，等. 智能探路小车的设计 [J]. 内燃机与配件，2020 (2)：219-222.

[11] 韩雪，吴金文，石瑶. 移动机器人实时避障策略研究及实例仿 [J]. 工业设计，2017 (9)：121-122，129.

[12] 李立宗. OpenCV 轻松入门：面向 Python [M]. 北京：电子工业出版社，2019.

[13] 田野，陈宏巍，王法胜，等. 室内移动机器人的 SLAM 算法综述 [J]. 计算机科学，2021，48 (9)：223-234.

[14] 王浩吉，杨永帅，赵彦微. 重载 AGV 的应用现状及发展趋势 [J]. 机器人技术与应用，2019 (5)：20-24.

[15] 宋海龙，徐庆华，丁芃，等. 智能物流搬运机器人的设计 [J]. 湖北理工学院学报，2023，39 (2)：7-10，53.

[16] 谢嘉，桑成松，王世明，等. 智能跟随移动机器人的研究与应用前景综述 [J]. 制造业自动化，2020，42 (10)：49-55.

[17] 钟晓茹. 移动机器人在医疗场景的研究与应用进展 [J]. 中国医疗设备，2021，36 (2)：155-159.

[18] 张大志，刘万辉，缪存孝，等. 全向移动机器人动态避障方法 [J]. 北京航空航天大学学报，2021，47 (6)：1115-1123.

[19] 吴学栋. 物料自动搬运机器人系统研究 [D]. 北京：北京邮电大学，2020.